# L'ÉCOLE MUTUELLE

## AGRICULTURE

PARIS

Au Bureau des Éditeurs, rue Coq-Héron, 5

ET CHEZ TOUS LES LIBRAIRES DE FRANCE

# L'ÉCOLE MUTUELLE

## COURS COMPLET D'ÉDUCATION POPULAIRE

---

# AGRICULTURE

### PAR

### P. JOIGNEAUX

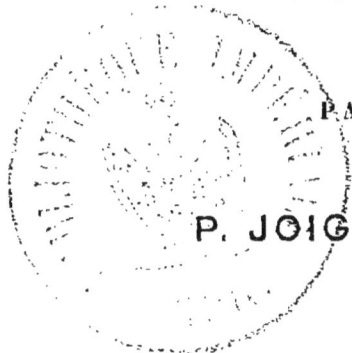
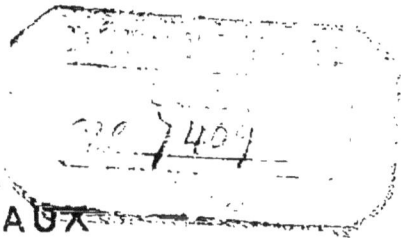

~~~~~~

## PARIS

### BUREAUX DE LA PUBLICATION

5, Rue Coq-Héron, 5

--

### 1865

C.

# AGRICULTURE

## I

### LA TERRE ET L'ATMOSPHÈRE

La terre et l'air sont les deux grands maga-
sins de la nature. Il y a là de quoi nourrir
les herbes et les arbres ; c'est là que sont les
vivres.

Les racines des plantes prennent leur
manger dans la terre, parmi des sels que tu
ne vois pas et que tu ne connais pas encore ;
les feuilles prennent quelque chose dans l'air,
parmi les gaz et les vapeurs que tu ne vois pas
toujours et que tu ne connais pas non plus.
Les arbres des forêts et les plantes des friches
ne vivent pas autrement. Ils demandent à la
terre et à l'air de quoi faire leurs tiges, leurs
rameaux et leurs feuilles. Mais, en revanche,
si la terre donne, elle hérite des feuilles
mortes, des rameaux morts, de la dépouille,

en un mot, reprend ainsi ce qu'elle a prêté et même ce qui a été donné par l'air. Ceci est l'intérêt de ses avances. Aussi le sol des forêts, comme celui des friches, bien loin de s'appauvrir, s'enrichit un peu tous les ans, parce que tous les ans il reçoit un peu plus qu'il n'a prêté.

La nourriture qui se trouve dans la terre pour les besoins des plantes n'est pas la même partout, parce que les plantes ne se nourrissent pas toutes de la même manière. Il y en a pour les différents goûts, et chacune va naturellement où son appétit la pousse.

Puisqu'il y a diverses sortes de vivres, il y a nécessairement aussi diverses sortes de terres ; c'est forcé.

Dans les lieux où l'on trouve des carrières de pierre à chaux, de marbre, de craie, nous avons les *terres calcaires*.

Dans les lieux où l'on fabrique des pots, des briques, des tuiles, nous avons des *terres argileuses*.

Dans les lieux où l'on rencontre du grès, des ardoises ou des roches qui s'en rapprochent beaucoup, nous avons les *terres schisteuses*.

Dans les lieux où les roches sont de granit, nous avons les *terres granitiques*.

Dans le voisinage des fleuves ou des grandes rivières, nous avons ce qu'on appelle les *terres d'alluvion*, terres amenées et déposées par les eaux. On dit qu'elles sont anciennes, quand elles datent de fort loin, et qu'elles sont modernes quand elles ont été déposées nouvellement.

Autre part, nous avons des terres qui ressemblent à du sable, qui sont poudreuses et ne se lient point. On les appelle *sableuses* ou *sablonneuses*.

Autre part encore, nous avons de l'argile mêlée au calcaire. Ce mélange forme les *marnes*.

Quelquefois, il se rencontre beaucoup de sable dans l'argile, et nous avons les *terres argilo-sableuses*.

Les terres calcaires, granitiques, schisteuses et sablonneuses sont légères et ordinairement sèches, parce qu'elles laiss nt passer l'eau très vite. Cependant, sous les climats brumeux et pluvieux, elles conservent encore assez de fraîcheur. En général, elles sont faciles à labourer.

Les terres argileuses et marneuses ne laissent guère passer l'eau, la gardent longtemps, restent fraîches, humides même, et sont d'un labour difficile ; elles se lèvent par bandes ou tranches d'une seule pièce, qui ne se défont pas en tombant. On les appelle terres fortes, terres froides, herbeuses ou herbues, parce qu'elles produisent beaucoup de mauvaises herbes.

Toutes ces terres légères ou fortes, et de

nature si différente, peuvent être cultivées, pourvu qu'elles aient assez de profondeur. Si chacune d'elles a des inconvénients, chacune d'elles aussi a des avantages. Les meilleures pourtant sont celles d'alluvion, et, après elles, les marnes qui contiennent plus de calcaire que d'argile. Mais si tu n'as pas le choix, ne regarde pas de trop près à la nature des terrains. Il y a moyen de tirer parti des uns et des autres.

S'ils sont trop secs et trop légers, tu leur donneras des engrais mouillés qui les rafraîchiront et les affermiront peu à peu.

S'ils sont trop frais et trop serrés pour laisser passer l'air, tu feras des fossés, afin d'en chasser l'eau et d'y amener l'air, ou des rigoles pour y placer des tuyaux de drainage. Tu feras, en un mot, au fond de ces terrains, ce que l'on fait au fond des pots à fleurs, un trou par où l'excès d'eau s'en ira et par où l'air circulera en formant des nitrates. L'eau qui dort gâte les racines, le manque d'air les tue. L'eau, comme l'air, doit circuler et se renouveler toujours.

Maintenant, si c'est possible, arrange-toi de façon que ta propriété, petite ou grande, forme un ensemble. Les propriétés en morceaux donnent de la peine, perdent du temps et amènent des contrariétés et des procès. On perd du temps, parce qu'il faut aller d'un morceau à l'autre, et que les heures passées sur les chemins ne profitent pas ; on s'expose aux contrariétés et aux procès, parce que les propriétés en morceaux ont plus de voisins que les propriétés d'un seul tenant, et que les voisins sont plutôt des ennemis que des amis.

· Si tu peux te clore, plante une haie, ou creuse un fossé. Si la haie ou le fossé coûtent trop, contente-toi de planter des bornes. Alors même qu'il n'y aurait que d'honnêtes gens autour de nous, nous mettrions des serrures à nos portes, quitte à ne point les fermer à double tour. Mets aussi des bornes quand même à tes champs et relie-les entre elles comme tu l'entendras. Les champs trop ouverts, comme les maisons trop ouvertes, peuvent donner de mauvaises pensées. Les clôtures et les bornes arrêtent quelquefois l'envie de mal faire et empêchent quelquefois aussi les querelles et les procès.

## LES BATIMENTS

A présent que tu as la terre, songe aux
bâtiments, et place-les, si c'est possible, au
beau milieu de la propriété. Si ce n'est pas
possible, fais les choses pour le mieux. Note
bien qu'il te faut maison, chambre à four,
grange, écurie, étables, hangar, et aussi de
quoi loger les porcs et la volaille.

Tourne la maison du côté du soleil levant,
et fais en sorte que, de la porte et des fenêtres de derrière, on voie, d'un côté, les portes
des étables et écuries, et de l'autre, la grange
et le hangar. Tu auras ainsi trois corps de
bâtiments séparés et exposés au levant. Si le
feu prend à l'un, tu conserveras au moins
l'espoir de sauver les deux autres. Relie-les,
si tu le veux, avec des palissades pour avoir
une cour fermée.

Dépense le moins que tu pourras en bâtiments; ne fais que le nécessaire, jamais de
luxe. Il y a plus de mérite à montrer de belles récoltes aux passants que de belles fa-
çades.

Ne néglige rien pour rendre ta maison saine et empêcher les maladies d'y entrer, car si l'on sait comment elles y viennent, on ne sait point quand elles en sortent.

Il y a des gens qui, par économie plutôt que par misère, se refusent l'air et la lumière du jour, et n'en prennent que par une lucarne, comme de choses trop chères, afin de payer moins d'impôts. N'imite point ces gens-là. Ce que l'on économise en air et en lumière, on le dépense en tisane et en visites de médecins. Ouvre donc de larges fenêtres sur le devant, sur le derrière ; prends de l'air à pleins poumons, du soleil à plein visage et paye l'impôt.

Il y a des gens qui, par économie aussi, ne creusent point de cave sous leur maison ; n'imite pas non plus ces gens-là. La cave assainit le logis et rend en hiver de gros services au cultivateur. Il n'y met pas seulement son vin, sa bière, son cidre ; il y met encore des pommes de terre, des racines, des fruits, des provisions de toutes sortes.

Il y a des gens qui regardent de près à quelques mètres de maçonnerie, qui se mettent à l'étroit sans raison, et dépensent ensuite beaucoup d'argent dans l'intérieur à faire de petites chambres et de petits cabinets ; ne les imite pas non plus, mets-toi tout de suite à l'aise.

Ne place point le four dans la maison ;

place-le en dehors, de peur des incendies.

Si tu le peux, fais la laiterie dans la cave ou bien réserve-lui, dans un coin de la maison, un lieu calme, frais, éclairé seulement par deux petites fenêtres, avec grillages et volets en dedans. Le lait veut du repos et souffre des secousses des voitures qui passent. Eloigne donc un peu la laiterie de la cour et des chemins ; le lait redoute les mauvaises odeurs ; éloigne-le des fumiers, des égouts, des éviers qui puent et des personnes malpropres.

La malpropreté n'amène pas seulement les maladies, elle amène encore le dégoût et le désordre. Quand la maison est mal tenue, les comptes sont mal tenus, et c'est mauvais signe. Commence donc par mettre de l'ordre dans tes affaires. Mobilier qui reluit, maison qui prospère ; mobilier qui se rouille, maison qui décline.

Si tu es soigneux, ta maison ne sera jamais trop petite ; si tu ne l'es pas, elle ne sera jamais assez grande. Il y en a qui font tenir dans un tiroir ce que d'autres ne feraient pas tenir dans une armoire.

On te dira que le temps dépensé à laver, à balayer, à frotter, à faire reluire, à mettre chaque chose à sa place, pourrait être employé à mieux ; n'en crois rien. Quand les choses sont à leur place, on sait où les trouver ; quand elles n'y sont pas, on perd la moitié des journées à les chercher, et on ne les trouve pas toujours.

La propreté dans la maison c'est la propreté sur les personnes, c'est-à-dire la santé, le travail, le bien-être et la satisfaction de soi-même.

Après le logement des hommes, le logement des bêtes.

La longueur, la largeur et la hauteur des écuries et des étables dépendent du nombre des animaux qu'on veut y mettre. Rappelle-toi que, pour vivre à l'aise, les chevaux ont besoin chacun de 30 à 35 mètres cubes d'air, et que, pour les donner, il faut que l'écurie ait 4 mètres de hauteur, 5 mètres 50 de largeur, dont 4 mètres pour le cheval et sa mangeoire et 1 mètre 50 pour le passage des gens. Quant à l'espace à réserver entre les chevaux, compte sur 1 mètre 50.

Rappelle-toi qu'à l'étable les vaches doivent être à 1 mètre 30 l'une de l'autre, que cette étable doit avoir de 3 à 4 mètres de hauteur et 5 mètres de largeur, lorsque les bêtes se trouvent sur un seul rang.

Rappelle-toi que les vétérinaires demandent pour chaque mouton, à la bergerie, un espace de 2 mètres carrés au moins, tandis qu'on ne veut pas même en accorder un dans nos compagnes, pas même la moitié d'un.

Place ton écurie sur un terrain sec; pave-la en briques sur champ, si tu le peux, et

ménage derrière les chevaux une rigole en
pente douce qui conduira les urines dans un
réservoir, à l'un des bouts, ou, mieux, en dehors. Si tu peux faire une citerne bien ma-
çonnée et voûtée, fais-la; si tu ne le peux,
contente-toi d'un tonneau cerclé en fer, que
tu enterreras au fond de l'écurie et masqueras
par un large couvercle en bois.

Ton écurie aura une porte à deux battants
assez large pour que le conducteur et son
cheval puissent y passer de front; deux fenêtres à volets, haut percées et se regardant,
serviront à renouveler l'air, et resteront ouvertes toutes les fois que les bêtes seront au
travail.

Les murs de ton écurie seront blanchis à
l'eau de chaux; le plancher ne devra pas ta-
miser le poussier de foin. Si tu trouves les
planches trop chères pour ta bourse, rem-
place-les par des perches et étends des gazons par-dessus, l'herbe en bas, la terre en
haut.

A l'une des extrémités de l'écurie, réserve
une place cloisonnée et vitrée pour y mettre
un lit, et, tout à côté, une autre place pour y
accrocher les harnais.

Choisis, pour élever ton étable, un terrain
sec aussi et un peu plus haut que le niveau
de la cour; ménage, comme dans l'écurie,
une pente douce et une rigole pour que les
urines en excès aillent dans une citerne ou

un tonneau; soigne les murs et le plancher, et donne de l'air au besoin au moyen de deux fenêtres.

Place aussi la bergerie sur un terrain sec, donne beaucoup de largeur à la porte d'entrée, n'épargne pas les ouvertures aux murs et renouvelle souvent l'air.

Quant au logement des porcs, c'est la moindre affaire. Pourvu qu'ils puissent se retourner facilement dans leur loge, qu'ils aient de la fraîcheur en été, de l'air souvent renouvelé, de la litière toujours propre ou un plancher à claire-voie lavé tous les jours, une auge qu'on puisse remplir et nettoyer sans entrer dans la loge, rien qu'en soulevant un couvercle, tout ira pour le mieux.

Mets tes poules à bonne exposition du midi si tu veux qu'elles pondent de bonne heure à la sortie de l'hiver, mais arrange-toi de façon à leur donner de l'ombre et de l'eau claire en été. En petit nombre, les poules sont les glaneuses de la ferme; elles vivent de ce qui se perd dans les pailles, et sont supportables quand elles ne deviennent pas maraudeuses. Mais, toute réflexion faite, et tout bien compté, tu en élèveras le moins possible, uniquement pour tes besoins et non en vue de gagner sur la vente des œufs, poulets, chapons et poulardes. Tu choisiras d'excellentes pondeuses et ne les garderas pas plus de quatre ou cinq ans.

On te dira que près des villes il y a de l'argent à gagner avec les poules, qu'on peut en nourrir des centaines et des mille avec des vers, qu'on a découvert des ustensiles pour fabriquer des poussins en gros et que l'on nomme des couveuses artificielles; on te fera venir, en un mot, l'eau à la bouche. Méfie-toi, ce n'est pas une industrie de cultivateur. Les œufs de poules nourries de grains valent mieux que les œufs de poules nourries de vers; les petits qui sortent de dessous l'aile de la mère sont plus robustes et plus faciles à élever que les petits fabriqués avec de l'air chaud comme des vers à soie.

Les granges coûtent cher, quand on veut y rentrer toutes les gerbes de la récolte. Par économie donc, tu feras des meules en dehors et tu te contenteras d'une petite grange, seulement pour les besoins u battage.

A présent que tu sais comment l'on doit s'y prendre pour loger les gens et les bêtes, songe aussi à loger les outils. A cet effet, bâtis un hangar assez long pour que tout y tienne, y compris le chariot et la charrette. Les outils exposés aux injures du temps s'usent trop vite. Le fer s'y rouille, le bois s'y tourmente et y pourrit.

## III

## LES INSTRUMENTS DE L'EXPLOITATION

Les instruments d'agriculture sont nombreux, mais tu n'es pas obligé de les avoir tous. Commence par l'indispensable, n'achète que ceux dont tu auras absolument besoin. Voyons ce qu'il te faut d'abord pour la petite culture, pour le potager.

En premier lieu, c'est une bêche, le roi des petits outils. Elle ne fait pas beaucoup de besogne, mais en revanche elle la fait bonne, et retourne et divise la terre à merveille. Or, qui dit terre bien retournée et bien divisée dit terre bien préparée. Il y a des bêches de diverses formes et de diverses grandeurs. Chaque pays a la sienne ; prends celle de ton pays, en attendant que tu trouves mieux.

Tu auras souvent besoin d'une houe ; or, il y en a de bien des sortes et de bien des formes aussi, selon les contrées, selon les terrains. Prends encore la houe du pays, en attendant mieux. Ce qui est a très souvent sa raison d'être.

Tu auras besoin d'une fourche de fer à trois dents pour remuer, au besoin, les terres légères, charger et répandre le fumier, et pour arracher les racines. Prends toujours la fourche du pays.

Tu achèteras une ratissoire à pousser; tu en achèterais même deux ou trois, une petite, une moyenne et une grande, que ton argent serait bien employé. Je ne te dirai point : — Prends la ratissoire du pays, car il n'y en a presque nulle part dans les campagnes. Adresse-toi au premier taillandier venu ou à tout individu sachant travailler le fer et l'acier, et demande-lui une ratissoire à pousser. Il te répondra peut-être : — Qu'est-ce que cet outil-là ? — Tu lui diras : Il y en a de plusieurs sortes. Tantôt c'est une lame bien coupante, prise entre deux branches de fer qui s'arrondissent et se joignent par le haut pour former une douille et recevoir un long manche de bois; tantôt c'est une espèce de pelle à feu sans rebords et coupant bien; tantôt c'est une large truelle avec un manche et deux côtés bien coupants; tantôt, enfin, c'est une espèce de plane de charron qui n'a pas de poignée aux deux bouts, et que l'on emmanche par le milieu du dos.

Il n'y a pas d'outil qui vaille les ratissoires à pousser pour sarcler et biner légèrement dans les intervalles des cultures en lignes.

Tu achèteras une serfouette. C'est un instrument à deux fins, que tu connais de vue certainement, mais que tu ne connais peut-être pas de nom. Il y en a qui l'appellent piochette, binette, binoir, sarcloir. C'est un petit outil double, à lame de houe d'un côté, à fourche à deux dents de l'autre.

Tu auras râteau à dents de bois et à dents de fer, petit rouleau à bras, arrosoir ordinaire, brouette à coffre, serpe, serpette, scie à main, plantoir, piquets et cordeau, toutes choses bien connues.

Tu auras, enfin, un sécateur et un greffoir, car il convient qu'un cultivateur sache tailler et greffer ses arbres. Les sécateurs sont des ciseaux à ressorts et à fortes branches ; le greffoir est une sorte de couteau à petite lame, dont la pointe se recourbe en dessus. et à spatule d'os et d'ivoire, fixe ou mobile, destinée à soulever les écorces sans les couper.

Arrivons maintenant aux instruments de la grande culture.—Nous avons d'abord ceux qui servent à préparer la terre, à fumer, ensemencer, sarcler et biner, tels que charrues, herses, rouleaux, tonneau à purin, rayonneur, semoirs, houes à cheval et buttoir.

Il y a des charrues par centaines, charrues avec avant-train ou roulettes, qui conviennent dans les terres fortes et à ceux qui enterrent les graines de céréales par un labour léger ; charrues sans avant-train ni roulettes, qu'on nomme araires, qui fonctionnent bien dans les terres légères et ouvrent des sillons plus profonds que les premières. Choisis entre les deux systèmes. Si le charron de ton village en fait de bonnes et à meilleur compte que les fabriques, adresse-toi au charron. Il y a, en outre, des charrues sans versoir, avec soc en forme de fer de lance, qu'on nomme charrues-taupes, fouilleuses, charrues sous-sol, et qui remuent la terre profondément sans la retourner. Elles sont faites pour suivre les charrues à versoir, dans les labours préparatoires et de défoncement. Si tu n'as pas de quoi acheter une fouilleuse en fabrique, ôte le versoir d'une de tes charrues ordinaires, et tu arriveras presque au même résultat. Il y a des charrues à deux versoirs qui renversent la terre de chaque côté du sillon On les nomme buttoirs ou butteuses, et l'on s'en sert pour butter les plantes en lignes.

Les herses sont les râteaux de la grande culture. On s'en sert pour diviser les petites mottes, unir les terres labourées, recouvrir les graines, peigner les prairies chargées de mousse et éclaircir, au printemps, les céréales d'automne. Il y en a de plusieurs formes et plus de mauvaises que de bonnes. On dit beaucoup de bien de celle de Valcourt et des herses jumelles. Je te les recommande.

Les rouleaux servent à écraser les mottes et à consolider la terre. Ce sont les outils par

excellence pour les sols légers. Il y a des
rouleaux en fonte, en pierre et en bois, des
rouleaux d'une seule pièce, des rouleaux de
plusieurs pièces. Ceux qui sont ronds et unis
ne tassent pas la terre et ne rompent pas les
mottes aussi bien que les rouleaux squelettes,
à disques, à angles et à chevilles; mais ils
n'exigent pas non plus autant de tirage que
ceux-ci. A notre avis, il n'y a rien de mieux
que le rouleau pied de mouton, avec de nom-
breuses chevilles de 2 à 3 cent mètres de saillie
à la circonférence. Il divise bien les mottes,
tasse bien le sol et ne forme pas de surface
unie.

Le tonneau à purin me paraît de toute nécessité, et je te le recommande fort pour
l'emploi des engrais liquides. A défaut de
grand tonneau, et plutôt que de t'en passer,
prends une vieille futaille dans ta cave, cercle-
la bien, élargis la bonde, fais un trou à l'un
des fonds, charge-la sur une charrette sans
ridelles, emplis-la de purin au besoin, puis
fais tomber ce purin sur une planche qui l'é-
parpillera de tous côtés.

Veux-tu semer en lignes? Aie un rayonneur, c'est-à-dire une traverse munie de
larges dents en bois qui ouvriront des rigoles.
Après cela, tu promèneras le semoir à brouette
dans chacune de ces rigoles, et, au fur et à
mesure que la roue tournera, la graine tom-
bera.

Si la main-d'œuvre te paraît trop chère pour les binages et les buttages, procure-toi une houe à cheval et un buttoir.

J'ai à te parler maintenant des instruments qui servent à la récolte.

La faucille, que tu connais et qui a le mérite d'occuper les femmes et les enfants, s'en va tous les jours avec la main-d'œuvre. Aujourd'hui, on fauche presque partout. Tu auras donc une faux avec son harnais. Si tu savais te servir de la sape, qui est une petite faux que l'on manie de la main droite, tandis que de la main gauche on rassemble les épis avec un crochet ou piquet, je te dirais : — Préfère la sape à la grande faux, parce qu'elle convient mieux dans les récoltes versées. Un bon moissonneur avec la faucille n'abattra qu'une vingtaine d'ares par jour ; un bon moissonneur avec la sape approchera de la quarantaine.

Tu chargeras tes gerbes avec la fourche de fer à long manche et à deux dents.

Pour les transports de toute nature, tu auras tombereau, charrette et chariot, aussi légers que possible et peints à l'huile pour qu'ils se conservent mieux.

Pour le battage des récoltes, n'emploie le fléau qu'à défaut des machines. Si tu ne peux disposer que de 200 à 300 francs, achète une batteuse à bras ; si tu peux disposer de 1,000 à 1,200 fr. et plus, prends une grande batteuse.

Pour nettoyer le grain, sers-toi du van, du tarare et du trieur. Pour utiliser les racines et les pailles à titre de fourrages, procure-toi le laveur, le coupe-racines et le hache-paille, trois instruments qui ne demandent pas d'apprentissage.

# IV

## LES ANIMAUX DE LA FERME

Tu tiendras des chevaux et des bœufs, comme bêtes de labour, des vaches, des moutons et des porcs comme bêtes de rente.

Et maintenant, n'oublie pas ceci : — Aux terres fortes, les chevaux ; aux terres légères, les bœufs.

Les terres fortes sont d'un labeur difficile; donc, le cheval s'y tirera mieux d'affaire que le bœuf.

Les terres fortes sont froides, et veulent, par conséquent, un fumier chaud. Or, le fumier de cheval leur convient mieux que celui de bœuf, qui est plus rafraîchissant.

Si tes terres ne sont ni fortes ni légères, élève des chevaux et des bœufs mais le moins possible de chevaux et le plus possible de bœufs. Les chevaux feront les transports au loin et les hersages; les bœufs feront les labours et les transports rapprochés de la maison.

Les chevaux font un tiers plus de travail que les bœufs, mais aussi ils coûtent plus à harnacher, plus à entretenir, sont sujets à plus d'accidents et perdent chaque année de leur valeur, quand ils ont passé l'âge de six ans.

Les bœufs font bien moins de travail que les chevaux ; mais, en revanche le harnais n'est pas coûteux. Ils se contentent d'une nourriture que les chevaux rebuteraient souvent, et, dès qu'ils ne conviennent plus, on les engraisse et on les vend, sinon avec un gros bénéfice, au moins sans perte.

Les chevaux ne font guère de fumier, tout au plus 7 500 kil. par tête et par année, avec 5 kil. de litière de paille par jour.

Les bœufs de travail te donneront de 10,000 à 15,000 kil. de fumier ; les bœufs à l'engrais, avec 10 kil de litière par tête et par jour, te donneront de 25,000 à 27.000 kil., sans compter les urines surabondantes qu'on laisse aller au puisard.

Ton cheval de labour ne te fumera passablement qu'un tiers d'hectare par année ; ton bœuf de travail fumera deux tiers d'hectare ; ton bœuf à l'engrais fumera plus d'un hectare.

Il semblerait que si la bête a été faite pour la terre, la terre aussi a été faite pour la bête. Les terres fortes produisent les féveroles et les bonnes avoines qui conviennent aux chevaux. Les terres légères produisent les racines de toutes sortes et les prairies artificielles. qui conviennent aux bœufs.

Il ne suffit pas de dire à un individu : Sers-toi de chevaux, sers-toi de bœufs, ou sers-toi des deux ; il ne suffit pas non plus de lui dire : Elève des vaches, des moutons et des porcs, il faut encore lui enseigner la manière de les choisir.

C'est à la pratique qu'on connaît le cheval ; en foire, les plus habiles peuvent se tromper. Cependant, il y a des signes qui renseignent à demi et que tout cultivateur doit connaître. Tu les connaîtras donc.

Fie-toi au cheval qui a la tête plutôt petite que grosse, sèche, courte et bien ajustée : ce sont de bonnes marques. Méfie-toi de celui qui a la tête trop forte : c'est souvent un signe de mauvais caractère.

Fie toi au cheval qui a les oreilles petites et droites ; méfie-toi de celui qui les couche en arrière, car il est sujet à donner le coup de pied et le coup de dent ; méfie-toi de celui qui les porte en avant, car il est ombrageux ; de celui qui, en marchant, les porte en avant l'une après l'autre, car il est capricieux et n'a pas l'œil bon.

Fie-toi au cheval qui mâche son mors et le couvre d'écume, car il a la bouche bonne et fraîche. Attache-toi aux naseaux bien ouverts et bien fendus, aux yeux vifs, à fleur de tête et de grandeur égale. Pour t'assurer qu'un cheval a la vue bonne, ne l'approche point d'un mur blanc ; conduis-le au demi-jour. Si

les yeux te paraissent bons, ne t'en tiens pas
là ; mène la bête dans une écurie sombre,
puis ramène-la tout doucement au jour, et
regarde bien l'iris, autrement dit la prunelle.
S'il se rétrécit à la lumière et s'élargit dans
l'ombre, le cheval a la vue bonne.

Attache-toi à un garrot long et maigre, à
une crinière longue et claire, à des épaules
larges, plates et remuant sous la main, à
une poitrine bien développée.

Ton cheval, en marchant, doit poser le
pied d'aplomb ; méfie-toi de celui qui pose le
talon le premier : il est fourbu.

Vois les genoux : ils doivent être larges,
aplatis, secs et bien fournis de poils. — Poils
entamés, cheval couronné.

Les reins courts, l'échine large et unie, les
côtes bien arquées, les flancs renflées, la
croupe ronde, les cuisses fortes et ouvertes
sont de bons signes. Les côtes plates et les
flancs creux n'indiquent pas des bêtes de
longue haleine.

Ne te fie pas toujours au cheval qui paraît
doux en foire, car on adoucit souvent le caractère des plus intraitables avec une forte
dose d'eau-de-vie : en examinant les dents,
tu auras donc soin de passer le nez sous les
narines de la bête.

Ne te fie pas non plus aux chevaux trop
gras, car il y a graisse et graisse, celle-ci
vraie, celle-là fausse. Il y en a qui se servent

de mauvaises graines pour les engraisser, de graines d'ivraie et de jusquiame noire, par exemple ; il y en a même qui emploient l'arsenic. On assure encore que les pommes de terre cuites donnent une mauvaise graisse au cheval et qu'il s'en ressent plus tard. Mais on assure aussi qu'on reconnaît le cheval ainsi engraissé à ses dents noires.

Quant au bœuf de travail, je te dirai, en passant, que les meilleures races sont celles de Schwitz, de la Savoie, de Salers, du Charolais, de la Franche-Comté, de la Camargue, du Morvan, les races garonnaise, d'Aubrac, bazadaise, béarnaise et gasconne. Mais chaque pays a ses bœufs de travail ; prends les tiens dans la localité la plus rapprochée ; mets-leur le joug ou le collier, mais plutôt le collier que le joug, et ne les confie jamais à un homme habitué à conduire des chevaux. Il se croirait déshonoré, maltraiterait les bœufs et n'en ferait rien de bon. Ce sont des animaux qui aiment les égards et les soins.

Parmi les vaches, recherche surtout les bonnes laitières. Or, tu sauras que les bonnes laitières ne sont pas les plus jolies ; au contraire, elles font rarement plaisir à voir.

Il y a des signes pour les reconnaître. Ecoute bien, je vais te les indiquer.

Ne t'arrête pas aux vaches courtes et de bonne tournure ; elles engraissent ordinairement trop vite et ne donnent pas, en général, beaucoup de lait. Arrête-toi aux vaches longues, quand même elles seraient laides.

Examine d'abord la tête. Est-elle petite, sèche, maigre, expressive, plutôt creuse que bombée? bons signes. Les yeux sont-ils doux, éveillés et à fleur de tête? bons signes encore. Remarques-tu un enfoncement au milieu du front, un creux au-dessus de chaque paupière supérieure, un creux au-dessous de chaque paupière inférieure? bons signes toujours.

Chez une bonne laitière, le toupet du chignon sera très mobile et paraîtra ne point tenir aux os.

Les cornes seront minces, un peu aplaties, effilées, pointues même, d'un grain fin, clair et luisant. Les oreilles seront minces, souples, arrondies, jaunâtres en dedans, comme si on les avait saupoudrées de son.

L'encolure de la bête sera très fine. Les épaules seront maigres comme si elles voulaient crever la peau, courtes, très obliques, et, à leur pointe, tu remarqueras un trou à mettre les bouts de trois doigts.

La poitrine sera parfois étroite, courte, sanglée derrière les épaules, tout à fait disproportionnée avec le ventre de la bête, qui sera gros. Le fanon sera large, pendant, souple, mince et fera la fourche sous la poitrine. L'échine ne sera pas ronde, elle for-

mera pour ainsi dire la lame de couteau et
marquera, comme sur les bêtes qui ne mangent pas à leur appétit. Les reins, qui sont une
partie de l'échine, seront très longs et pré-
senteront des creux entre les pointes des os.
Plus les reins seront larges, plus longtemps
la vache donnera du lait. Le flanc devra être
large aussi, et quand on appuiera le doigt
au-dessus du repli qui sert au maniement,
on sentira comme une corde. Plus cette corde
sera grosse, plus le lait sera riche en beurre.

Le ventre sera très long, très gros et dé-
tendu ; les hanches larges et une forte croupe
seront des signes certains de la quantité et
de la durée du lait.

La queue devra être très fine, très longue,
tomber le plus près possible de terre, et ne
pas former le cône à son point d'attache.

La peau sera fine, souple, lâche, ne collera
pas à la chair et roulera sous la main. Les
veines seront très marquées ; celles du pis se
termineront en avant par un trou dans lequel
le doigt s'enfoncera sans obstacle. C'est ce
trou qu'on appelle *fontaine*. En général, les
veines seront partout bien développées, et la
bête sera d'un tempérament lymphatique et
mou.

Le pis sera gros autant que possible. Il
sera recouvert de poils fins, longs et clair-
semés. Il sera doux au toucher ; la peau sera
fine, tendue et le duvet très gras. La partie

comprise entre les cuisses, et remontant vers la queue, sera chargée de petites écailles jaunâtres, comme celles dont il a été parlé pour l'intérieur des oreilles.

Écoute toujours : voici encore d'autres signes découverts par un habile observateur, nommé Guénon. Abondance de bien ne nuit pas.

Le pis des vaches laitières, ainsi que les parties voisines du pis, en allant vers la queue, sont couverts de petits poils qui, au lieu de se diriger de haut en bas, sont rebroussés, autrement dit, dirigés de bas en haut. Ce sont ces poils rebroussés et réunis en plaques de différentes formes qui constituent ce que l'on appelle des *épis* ou *écussons*. Plus ces épis sont étendus en longueur et en largeur, moins il se rencontre à travers de poils couchés de haut en bas, plus il y a chance d'avoir affaire à une bonne laitière. Il est à remarquer, en outre, que toutes les fois qu'il se rencontre en dessous et sur le derrière du pis des ovales assez réguliers, formés de poils couchés de haut en bas, on les considère comme des signes certains de l'excellence des vaches.

Quand, au contraire, les épis ou écussons n'occupent qu'une très faible partie du pis et des parties voisines, sous forme d'une ou de plusieurs bandes étroites et interrompues, ou échancrées par des poils couchés en sens inverse, c'est un signe caractéristique d'une mauvaise laitière.

Quand enfin les épis ne sont ni larges, ni précisément étroits, ni trop interrompus, l'on a affaire à une laitière ordinaire.

Si les pellicules qui se détachent du pis, lorsqu'on le frotte avec la main, sont d'un jaune nankin, il y a lieu de croire que le lait sera riche en beurre; plus elles seront pâles, plus le lait sera pauvre.

Tant mieux pour toi si tu trouves tous ces signes réunis sur une même bête, mais ne l'espère point; contente-toi des trois quarts et même de la moitié; ce sera déjà fort beau. Tu retrouveras ces signes sur la génisse toute jeune, et au lieu de la vendre au boucher parce qu'elle te semblera laide, tu l'élèveras avec soin parce qu'elle s'annoncera bonne laitière.

Ce n'est pas après le premier veau que tu pourras juger de la bonté d'une vache; ce n'est qu'après le second.

Une vache qui rend en moyenne de neuf à dix litres par jour est déjà réputée bonne. Il y en a qui rendent de 12 à 15 litres; mais ce sont les exceptions.

Toute vache laitière qui a plus de sept ans commence à décliner. On reconnaît qu'elle a sept ans dès qu'elle porte quatre bourrelets ou couronnes à la base des cornes. Alors vends-la et remplace-la par une autre.

Parlons maintenant des porcs.

Les plus avantageux sont ceux qui prennent le plus vite la graisse. Ils ne donnent pas le meilleur lard, mais ils donnent plus de profit que les autres. Les petites races anglaises perfectionnées renient, au bout d'un an, une couche de lard très épaisse : mais ces petites races sont un peu plus sujettes aux maladies que les races tardives. Elles sont, d'ailleurs, rares encore et chères. Contente-toi pour le moment des croisés blancs et noirs, courts et bas sur jambes, et, dans le nombre, choisis ceux qui auront le dos large, le poil clair, pas trop rude et non rebroussé, les oreilles larges, rondes, souples et tombantes, les pattes fines, les os petits et dont la queue sera courte et non roulée en trompette.

Moins le poil sera épais, plus la bête aura de dispositions à l'engraissement. Les races anglaises perfectionnées ont la peau presque nue.

Engraisse tes porcs dès l'âge d'un an, si tu veux du petit salé ; ne les engraisse pas avant dix-huit mois, si tu veux du gros lard.

Quant aux moutons, rappelle-toi qu'on ne peut pas obtenir à la fois la laine fine tassée et la chair de haute qualité ; et puis rappelle-toi encore que les diverses races ne conviennent pas indistinctement à tous les climats. Habites-tu un pays doux et sec, et

veux-tu de la laine fine? élève des mérinos.
Ton pays est-il humide, sans être rude? choisis la race de Dishley ou de New-Leicester et
celle de Newkent, qui sont des races de boucherie par excellence, à laine lisse et longue.
Habites-tu un pays élevé et rude? cherche
une race robuste de boucherie, et, pour la
développer, croise-la avec le cheviot d'E-
cosse.

# V

## NOURRITURE DES PERSONNES ET DES ANIMAUX.

L'homme qui travaille use ses forces. Pour les réparer, il a besoin de repos et de nourriture. Le repos de la nuit et des jours de fêtes suffit ; la nouriture qu'il se donne ou qu'on lui donne ne suffit pas toujours.

Il y a des individus qui vivent mal, afin de dépenser moins ; ne les imite pas. A ce régime-là, on ne dure pas longtemps, on se tue petit à petit. Ce que tu épargneras en huile dans la lampe, tu le perdras en mèche et en clarté ; ce que tu épargneras en nourriture, tu le perdras tôt ou tard en vigueur et en santé.

A forte besogne, forte nourriture. Dépense cinquante centimes de plus à table, tu gagneras un franc de plus aux champs. Il n'est si mauvais cheval qui ne paye son avoine ; il n'est si mauvais travailleur qui ne puisse payer son repas.

La nourriture pauvre coûte aussi cher que la nourriture riche, car on mange plus de la première que de la seconde, plus de pain bis que de pain blanc, plus de viande blanche

que de viande noire. Où la qualité manque,
la qu ntité devient nécessaire.

Varie tes vivres, car on finit par se lasser
des meilleures choses quand elles reviennent
toujours ; et, d ailleurs, le corps se trouve
bien d'une alimentation variée.

Au retour du travail, quand tes mains seront pleines de boue ou noires de fumier,
lave-les avant de te mettre à table. La propreté ne coûte rien et fait du bien.

Dans nos camp gnes, il est d'usage de
manger à la gamelle et au plat. L'usage est
mauvais, quitte-le. Les assiettes en terre cuite
ne coûtent guère et l'on ne paye pas l'eau
qui sert à les rincer.

La gamelle commune rapproche l'homme de
la brute ; l'assiette l'en éloigne et le grandit
un peu à ses propres yeux : ne nous abais-
sons jamais, élevons-nous toujours.

Avant de te mettre à table, assure-toi que
tes bêtes ne manquent de rien ; avant de songer à toi, songe à elles. Aie des heures fixes
pour leurs repas et des rations pesées.

Si tu n'as pas d'heures fixes, tes bêtes pâ-
tiront, se tourmenteront et n'en vaudront
que pis.

Si tu ne rationnes pas, tu donneras tantôt
trop, tantôt trop peu, et tu ne te rendras
compte de rien.

Il y a rations et rations, celles-ci fortes,
quand la bête travaille fort, celles-là faibles

quand la bête se repose ou ne travaille guère.

Lorsque ton cheval a de la peine à rompre dessous, donne-lui par jour trois kilos de paille hachée, huit ou dix kilos de foin, dix à douze litres d'avoine, et, de temps en temps, un peu d'eau de son.

Lorsque ton cheval a du bon temps, ne fatigue guère ou ne fatiguera point, donne-lui cinq kilos de paille hachée, cinq kilos de foin et deux litres d'avoine seulement.

Avec dix kilos de carottes et cinq ou six litres d'avoine par jour, tu entretiendras un cheval ordinaire en bon état pendant l'hiver, mieux qu'avec plus d'avoine et pas de carottes.

Il y a beaucoup de grains d'avoine qui ne profitent pas aux chevaux, et la preuve, c'est qu'on en retrouve dans leur fumier qui germent très bien. Concasse donc ton avoine; elle profitera mieux et tu pourras en donner moins.

Nourris tes bœufs et tes vaches à l'étable autant que possible. Ne les fais sortir que pour aller à l'abreuvoir, ou le matin seulement, de neuf à onze heures, pour les promener dans un pâturage maigre. La nourriture à l'étable, c'est l'abondance du fumier, c'est le grand secret en agriculture.

Un bœuf de travail a besoin d'environ cent kilos de fourrage vert par jour, ou de vingt-cinq à trente kilos de foin, quand il s'agit de le mettre en bon état pour la boucherie.

Une bonne vache laitière se contente de quarante à cinquante kilos de fourrage vert ou de douze à quinze kilos de foin. Au lieu de lui donner ce foin sec, arrose-le d'abord avec de l'eau bouillante, et tu t'en trouveras bien.

Tu donneras à chaque mouton, à la bergerie, quatre kilos d'herbe verte ou de racines, ou un kilo de bon fourrage sec par jour et pour l'entretien seulement. En temps de pluie, tu saupoudreras cette nourriture de sel de cuisine deux fois par semaine.

Quand tes cochons auront deux mois et seront tout à fait sevrés, tu leur donneras à manger, quatre ou cinq fois par jour, un mélange clair de petit lait, de son et de carottes cuites. Un peu plus tard, tu ajouteras des eaux de vaisselle et quelques poignées de farine d'orge ou de seigle. A six mois, si tu n'as ni petit-lait, ni eaux grasses, ni farine, tu leur donneras de dix à douze kilos de fourrage vert par jour, laitue, chicorée, orties cuites, trèfle, luzerne, ou bien des panais, des carottes, des pommes de terre, des betteraves cuites aussi.

A dix mois, tu commenceras l'engraissement de tes cochons, si tu ne tiens à avoir que du petit salé. A quinze ou dix-huit mois, tu les engraisseras pour avoir du lard ; tu commenceras à l'automne et finiras avec l'hiver. Tu leur donneras d'abord des racines, des eaux de vaisselle, du lait écrémé ou du lait aigri ; quinze jours plus tard, tu ajouteras de la farine d'orge, de seigle, de sarrasin ou de maïs. Tu finiras l'engraissement avec la farine seulement délayée dans de l'eau grasse, de manière à faire une pâtée épaisse.

Si tu es voisin d'une distillerie, donne à chacun de tes porcs à l'engrais vingt kilos de résidus par jour, et au bout de quatre mois ils seront gras. Le lard n'aura pas mauvais goût, mais il ne sera pas ferme.

Ne donne pas de viande à tes porcs. Elle les constipe, les rend méchants et produit un lard de mauvais goût. Ne leur donne pas non plus de tourteaux d'huilerie, de suif, pas de faînes, car le lard deviendrait huileux et se déferait en cuisant.

Pour faire augmenter un cochon d'un kilo, il faut 28 kilos 40 centigrammes de carottes cuites, ou 20 kilos de pommes de terre cuites, ou 8 kilos 20 centigrammes de son, ou 5 kilos 68 centigrammes d'orge cuite, ou 4 kilos 16 centigrammes de seigle cuit.

# VI

## LES FUMIERS DE FERME ET AUTRES ENGRAIS

Les chevaux ne te donneront pas seulement leur travail, les bœufs et les vaches ne te donneront pas seulement leur viande et leur lait, les cochons 1 ur lard, les moutons leur laine e' leur chair, tous te donneront encore leur fumier, et le fumier vaudra d'autant mieux que la litière sera meilleure, que les bêtes se porteront et se nourriront mieux.

Bonne nourriture, bon fumier; mauvaise nourriture, mauvais fumier; nourriture sèche et riche, fumier sec et chaud; nourriture fraîche, fumier mouillé et frais.

Mets la moitié au moins, et même les deux tiers de ta propriété en prairies et en racines, et tu pourras nourrir assez de bêtes pour fumer fort tous tes champs. Or, qui fume généreusement récolte copieusement. Un demi-hectare bien engraissé te rendra plus qu'un hectare fumé. Ce que tu perdras en superficie, tu le gagneras en produits.

Le fumier te dispensera de laisser reposer une partie de tes champs, c'est-à-dire de les

laisser en jachère morte. La jachère a pour
but de nettoyer la terre et de la remettre en
état, quand on n'a pas de fumier à lui donner;
la culture des racines la nettoiera, et l'engrais
ne te manquant pas pour réparer les pertes,
à quoi bon la jachère?

Si tu n'as affaire qu'à une même nature de
terre, ni trop sèche ni trop fraîche, mêle tes
fumiers au sortir de l'étable; si tu as au contraire des champs frais et des champs secs,
ne les mêle pas. Tu donneras le fumier de
cheval et de mouton aux premiers, celui de
bœuf, de vache et de porc aux seconds; en un
mot, les fumiers chauds aux terrains frais et
les fumiers frais aux terrains chauds.

Au sortir de l'étable et des écuries, ne jette
point tes fumier dans une fosse, car le purin
s'y perd quand elle est mal faite, ou bien,
quand il ne s'y perd pas, il forme bouillie au
fond et devient d'un transport difficile; et
puis, note aussi que l'engrais en fosse n'est
pas facile à charger; il faut le sortir de là et
le mettre ensuite sur la voiture, double peine
et temps perdu.

Tasse bien ton fumier, c'est-à-dire foule-
le bien avec les pieds au fur et à mesure que
tu l'élèveras. Autrement, il moisira, se desséchera et plus guère ne vaudra. Si tu veux
l'empêcher de moisir en l'arrosant trop, tu
feras une vraie lessive; les bons sels s'en
iront avec l'eau, comme ils s'en vont des

cendres qu'on arrose. Arrose-le donc modérément.

Quand ton fumier sera bien tassé, empêche les pluies de le mouiller. Il y a quatre moyens pour cela : 1° le mettre sous un hangar ; 2° le couvrir de paillassons qu'on ôte et remet à volonté ; terminer le tas en forme de couverture et gazonner le faîte ; 4° l'enduire avec de la boue sur toutes ses faces. Choisis entre les quatre le moyen qui te paraîtra le meilleur ou le plus économique. Pour mon compte, je préfère le hangar.

A propos de ce hangar, il faut que je te conte une anecdote rapportée dernièrement par un propriétaire belge, M. le baron Peers. Il y a de ceci vingt-cinq ou trente ans, un fermier qui savait déjà ce que valent les fumiers couverts et voyait son hangar ruiné, invita son propriétaire à le rétablir à fin de bail. Il fallait pour cela cinq ou six cents francs. Le propriétaire n'y consentit pas, et le fermier quitta le domaine. Celui qui reprit sa place, tout en travaillant fort et bien, ne fit pas, au début, de bonnes affaires. Les récoltes baissèrent, et du même coup les terres s'appauvrirent. Le propriétaire se souvint alors du hangar et le fit relever de son propre mouvement. Les années d'après, le domaine redevint fertile, et le fermier sortit d'embarras. Ce fait en dit plus que les mots.

N'oublie point l'anecdote, car c'est de l'histoire, fais-en ton profit.

Un fumier couvert ne rend pas ou ne rend guère de purin par le bas; un fumier découvert en rend d'autant plus qu'il pleut plus souvent, et n'en vaut que moins.

On a raison de dire : Année de pluie, fumier de rien. L'eau noire qui en sort vaut mieux que ce qui reste. Ne la perds jamais : c'est le bouillon de l'engrais, comme l'eau de lessive est le bouillon des cendres.

Il y en a qui, pour ne rien perdre, mettent un bon lit de terre sous leurs tas de fumier. La terre reçoit les égouts et rien ne s'échappe. C'est une bonne méthode, ne la perds pas de vue.

Le fumier long se fait sentir plus longtemps que le fumier pourri et court. Mais il ne lance pas une récolte aussi vite que celui-ci. Ce qui produit fort ne dure guère ; mais qu'importe la durée si le produit est bon?

Eloigne ton fumier du puits, car le purin finirait par y arriver et l'empoisonner. Quand tu creuses un trou dans un champ, l'eau y va goutte à goutte ; quand tu creuses un puits près de ton fumier, le purin y va goutte à goutte aussi.

Les choses sont si bien arrangées en ce monde, que chaque bête peut fumer au moins le terrain nécessaire pour la nourrir.

Et ce qui est une vérité quant aux bêtes est une vérité aussi quant aux gens. Avec ce qui sort de notre corps, excréments et urines, il y a, si l'on ne perdait rien, de quoi fumer le terrain qui nourrit chacun de nous.

Ne laisse donc perdre ni les matières fécales ni les urines. On ne les perd point dans le pays flamand; pourquoi les laisser perdre ailleurs? Mieux vaut les conduire aux champs que de les laisser aux portes. Ce qui vient du pain et de tous les vivres vient de la terre et doit y retourner. Voilà la loi de nature.

Plus la nourriture de l'homme est riche, plus la valeur de ses excréments est grande.

Un maître de poste de Paris achète un jour la vidange d'un restaurant de premier ordre et fait une bonne affaire; il achète après cela la vidange d'une caserne et n'y trouve point son compte. C'est de l'histoire.

La matière fécale donne souvent une saveur particulière aux plantes qui en vivent; mais tu sauras que les engrais de toutes sortes sont dans le même cas. Nous ne distinguons plus la saveur empruntée aux fumiers de cheval, de vache ou de mouton, à cause de l'habitude : dans les Flandres, on ne distingue pas non plus la saveur empruntée à la matière fécale, à cause de l'habitude aussi.

Tu redoutes cette saveur, soit ; dans ce cas, ne donne pas trop de matières fécales à tes légumes : réserve-les surtout pour les plantes que l'homme ne mange point, ou bien mélange tes excréments par petites quantités à la fois avec d'autres engrais, passe-les pour ainsi dire en fraude, de manière à ce qu'on ne les voie ni ne les sente.

Tu les rebutes et ne veux point les manier ; cela se comprend. Mais remue-les avec de la suie, du poussier de charbon, de la terre cuite, de l'argile, ou tout simplement avec de la couperose verte fondue dans de l'eau, et après cela tu ne les rebuteras plus et les manieras bien. Ils auront perdu leur odeur et leur couleur.

Ne perds pas les excréments de la volaille, ramasse-les avec soin, mets-les à couvert, et, avant de t'en servir, écrase-les comme tu pourras, et n'en répands guère à la fois. C'est ce qu'on appelle colombine. La meilleure est celle des pigeons. Celle des poules n'arrive qu'après ; celle des canards et des oies ne vaut rien quand elle est fraîche, mais elle prend de la qualité en séchant.

Tout ce qui vient de l'homme et des bêtes est engrais : excréments, urines, chair, sang, laines, poils, plumes, os, cornes, sabots, ongles, etc. Il ne s'agit plus que de savoir s'en servir. Tu laisseras fermenter et vieillir les urines, puis tu les affaibliras avec de l'eau. Tu couperas la chair en morceaux et la feras pourrir dans la terre avec de la chaux vive, ou bien encore tu la jetteras dans la fosse à purin. Tu verseras le sang sur les fumiers ou sur de la terre chauffée au four, afin de le dessécher. Tu déchireras la laine et la feras pourrir un peu à l'air et dans de l'eau, pendant huit ou quinze jours, avant de l'employer. Tu casseras les os par petits morceaux avec une masse, ou bien, ce qui est plus facile, tu les brûleras au foyer avec le bois, la houille ou la tourbe, et garderas les cendres pour tes champs. Tu broieras les cornes, les sabots, les ongles avec une masse aussi, et les mêleras aux fumiers avec les poils et les plumes.

Tout ce qui vient des plantes est engrais. La feuille qui tombe des arbres fume la forêt et enrichit le sol; l'herbe qui meurt et pourrit, enrichit la friche; les cônes du houblon qui sortent de la brasserie nourrissent la houblonnière; les marcs de colza, de navette, de caméline, de lin, d'olive, etc., sont de bons engrais : c'est avec les marcs du raisin qu'on fume les vignes fines; les plantes que l'on retourne en terre portent avec raison le nom d'engrais vert; enfin, le bois que l'on brûle, la tourbe que l'on brûle, donnent de la cendre et de la suie qui sont également des engrais.

Chaque herbe, chaque plante porte avec

elle ses provisions, se nourrit de sa propre dépouille. Si tu n'y touchais point, comme dans les pays sauvages, tu la verrais se ressemer, se fumer et se reproduire indéfiniment.

Puisque les feuilles des arbres conviennent aux forêts, les cônes de houblon aux houblonnières, les rafles de raisin aux vignes, les marcs d'olives aux oliviers, il y a lieu de croire que tous les végétaux doivent s'accommoder de même de leurs propres débris. D'où il suit que la litière de paille doit mieux convenir aux céréales que la litière des genêts, de bruyères ou de mousse, et que le fumier des bêtes qui ne mangent que de l'herbe doit convenir mieux aux prairies que celui des bêtes qui mangent beaucoup de graines Rends donc à qui tu as pris, et toujours un peu plus à cause de l'intérêt qui est dû. Rends aux champs ce qui sort des champs, aux prés ce qui sort des prés. Voilà encore les lois de nature.

Tout ce qui se perd dans le ménage est engrais : l'eau de lessive, l'eau de savon, l'eau de récurage, l'eau des éviers, les fruits pourris, les viandes gâtées, les lies de vin, de bière ou de cidre, les rinçures de futailles, les vieilles peaux et les vieux cuirs. Prends de la terre, des gazons ou de la boue des rues, mélange-la avec toutes les choses perdues et d'autres encore, et tu formeras ainsi un compost, c'est-à-dire un engrais dans lequel il y aura un peu de tout.

Le sol lui-même est un magasin à engrais, et la preuve de ceci, c'est que les premières plantes qui ont poussé dessus ont dû nécessairement lui prendre de quoi se nourrir. Le calcaire, la marne, le plâtre, le phosphate de chaux, la silice et beaucoup d'autres substances, dont il n'est pas aisé de retenir les noms, ne sont, après tout, que des engrais inorganiques ou minéraux, des engrais qui ne pourrissent pas, qui agissent plus lentement que les autres et ont par conséquent plus de durée. Ne les néglige point quand ils se trouveront à ta portée, mais marie-les toujours aux engrais qui pourrissent.

Les engrais ne manquent donc pas au cultivateur. Ouvre les yeux pour les voir, baisse-toi pour les ramasser.

Avec de l'engrais en abondance, tu auras le droit de commander à la terre, tu auras la clef des récoltes.

Sans engrais, la terre se révoltera contre toi, te refusera les produits et te ruinera.

Si tu n'as de fumier et d'engrais quelconque que pour un hectare, n'en cultive pas deux. Si tu n'as à manger que pour toi seul, n'invite pas un ami à s'asseoir à ta table. Ce qui contente une personne peut en mécontenter deux.

Ne vends jamais de fumier, n'en achète qu'à

toute rigueur, fabriques-en le plus possible.

Les engrais que l'on vend dans le commerce ne valent point et ne vaudront jamais ceux que l'on fait à l'étable ou à l'écurie. Les premiers cependant, comme le noir animal et le guano, rendent de grands services aux défricheurs pendant quelques années, après quoi il faut revenir aux fumiers.

## VII

### LE FONDS DE ROULEMENT.

A la ferme, comme à la guerre, il faut de l'argent. Avant de récolter, il faut semer; avant de gagner, il faut mettre au jeu. Les bêtes coûtent, les outils aussi, et encore les fourrages et la litière. Or, l'argent qu'il convient d'avoir en bourse pour acheter tout cela s'appelle le capital d'exploitation.

On dit qu'un homme, à son entrée en ferme, a besoin de quatre à cinq cents francs par hectare. Ce n'est pas assez; compte sur le double, et, tous les achats faits pour te mettre à l'œuvre, arrange-toi de façon à garder une réserve en argent, réserve que tu ne laisseras point dormir, que tu placeras à intérêt chez le banquier, avec la condition de pouvoir en disposer quand bon de semblera. C'est cet argent disponible qu'on appelle *fonds de roulement.*

Un cultivateur qui n'a pas d'écus sous la main est un cavalier démonté. Si tu n'en as pas, tu manqueras les bonnes occasions d'acheter, tu achèteras et payeras nécessairerement plus cher qu'au comptant, tu vendras tes produits à l'heure de la baisse, forcément, faute de pouvoir attendre la hausse. Si tu n'as pas d'écus, une seule mauvaise récolte te jettera dans l'embarras ; tu regarderas de trop près aux frais de main-d'œuvre, et tu négligeras tes cultures.

Tu vas me répondre qu'un placement chez le banquier n'est pas toujours sûr. qu'il vaut mieux tenir son argent dans le secrétaire ou l'armoire, et ne pas lui demander d'intérêt. Mauvais calcul. Qui se méfie trop n'entreprend rien et n'arrive à rien. On a vu des banquiers lever le pied, c'est vrai ; mais n'at-on pas vu des armoires forcées, des bourses volées, des maisons incendiées, de l'argent fondu ? Est-ce qu'en toute chose, partout et à propos de tout, il n'y a pas des risques à courir ? Cependant, mieux vaut encore avoir un fonds de roulement qui ne rapporte rien que de ne point en avoir du tout.

Ceux qui, dans les campagnes, ont une réserve suffisante pour les cas imprévus ne sont pas en grand nombre. La passion de la terre empêche le fonds de roulement ; dès qu'il y a un champ à vendre, il faut que l'argent sorte de l'armoire et se montre. Trop souvent même, quand l'argent ne suffit point, on achète à crédit, on se met dans la gêne afin de paraître plus riche. La vanité mène le monde ; résiste-lui, ne te laisse pas mener.

C'est par vanité que l'on achète de la terre dont on n'a pas besoin, et que l'on cherche à doubler ses champs pour doubler sa considération. Ne t'engage point dans cette voie ; elle est périlleuse. Richesse apparente n'est souvent que pauvreté ; tout ce qui reluit n'est pas or.

Ce n'est pas l'étendue du domaine qui fait l'éloge du cultivateur, c'est la bonne culture de ce domaine. De même qu'il y a plus de mérite et de profit à montrer un seul cheval robuste et bien portant qu'une demi-douzaine de chevaux étiques, couronnés, fourbus et galeux, il y a plus de mérite et de profit aussi à montrer un hectare de magnifiques récoltes qu'une demi-douzaine d'hectares avec des récoltes chétives et malpropres. Peu et bien plutôt que trop et mal, voilà la règle.

De la besogne au-dessous de tes forces, jamais au-dessus ; un peu moins de terre au soleil, un peu plus d'argent dans la bourse, voilà encore la règle.

Le fonds de roulement, c'est l'avenir et le salut de la ferme ; pas de fonds de roulement, ventes forcées, toutes les semaines, tous les mois, achats à terme ; l'homme ne s'appartient plus, la nécessité fait loi dans sa maison, Il a besoin d'argent, et il en fait à perte presque toujours.

Avec le fonds de roulement, on peut at-

tendre ; manque-t-il, au contraire, — et il
manque presque partout, — les gens se hâ-
tent de courir au. marché et d'offrir leurs
denrées. Voilà donc la baisse ; la marchan-
dise tombe à vil prix en temps d'abondance.
En temps de disette, il n'y a plus de vieux
grains chez le cultivateur ; une hausse dé-
sordonnée se produit et la panique arrive.

Ayez tous un fonds de roulement convenable, et vous n'aurez plus ni baisse exagérée,
ni hausse alarmante. Dans les années d'a-
bondance, le grenier du cultivateur ne se vi-
dera plus jusqu'au dernier sac ; dans les années mauvaises, le vieux grain ira approvisionner les halles.

# VIII

## LE DÉFRICHEMENT.

A présent que tu possèdes la terre, le logis, les outils, les bêtes de travail, les bêtes de rente et le fonds de roulement, il s'agit, mon ami, de se mettre à l'œuvre, de cultiver et d'améliorer.

Laisse les trop maigres friches à ceux qui ont le temps d'attendre et de l'argent à dépenser; n'attaque que les friches de bonne qualité, à sol profond, et à condition qu'elles ne te coûteront pas cher, pas plus de deux cent cinquante à trois cents francs l'hectare. Je te suppose une friche à mettre en culture; reste à savoir quelle est sa nature. Il y en a de toutes sortes. Nous avons les pâtis engazonnés, à herbe courte, bonne tout au plus à pâturer ou à promener le bétail, les terres à bruyères, les fonds tourbeux, les calcaires arides.

Presque toujours, les pâtis bien engazonnés, mais à herbe courte, appartiennent à des terrains argileux trop compactes. Ouvre des fossés profonds pour les égoutter et leur donner de l'air. Après cela, romps la friche avec une forte charrue, vers la fin de l'automne; fais

suivre la charrue d'une fouilleuse qui re-
muera le sous-sol sans le ramener à la surface ; répands de la chaux ou de la cendre de
houille sur la terre labourée, à raison de
quatre-vingts à cent hectolitres par hectare.
À la sortie de l'hiver, par un temps sec,
donne un second coup de labour très superficiel, herse dans les deux sens avec une forte
herse à dents de fer, et enfin sème de l'avoine
et des féveroles, ou bien encore de la navette et du colza de printemps.

Parmi les bruyères à défricher, les unes
sont en terre argileuse ou forte ; presque partout on écobue ces friches pour les mettre
en culture. En terre légère, à mon avis, l'on
a tort d'écobuer, c'est-à-dire de brûler le
gazon ; en terre forte, c'est différent. Dans le
premier cas, ne brûle point le gazon ; ne
mets le feu qu'aux tiges de bruyère, puis
romps la friche avec la charrue et un atte-
lage de bœufs. Après l'hiver, roule la dé-
friche, chaule, mélange la chaux avec la terre
au moyen d'une herse légère à dents de bois ;
mélange-la bien surtout en hersant dans les
deux sens, et, cela fait, sème du seigle, et
dans ce seigle un fourrage quelconque, trèfle rampant, ray-grass vivace, phléole des
prés, etc. Au bout de trois ans, les bruyères
retournées seront pourries et tu pourras
songer à une culture régulière.

Quant aux bruyères de terres fortes, libre à

toi de les peler, de lever le gazon et de le brûler. Il n'y a pas d'inconvénient à diviser ce qui est trop serré, et le feu divise; tu y sèmeras du seigle, des féveroles ou des rutabagas qui, bien sûr, y réussiront.

Ne repousse point les fonds tourbeux. Tu commenceras par les dessécher au moyen de fossés profonds, de rigoles, de puits perdus ou de boit-tout. Quand la terre sera bien égouttée, tu lèveras le dessus par plaques que tu brûleras en temps de sécheresse. Tu ajouras de la chaux et tu sèmeras, en première récolte, soit du seigle, soit de l'avoine ou des vesces.

Ne repousse point non plus les friches des terrains calcaires, quand il y a profondeur convenable. Que manque-t-il à ces friches stériles pour qu'elles deviennent productives? Un peu de fraîcheur, rien de plus. Procure-toi donc des charretées de mauvaises herbes et du fumier de porc; étends cela sur les friches, enterre avec la charrue et le râteau; sème une plante fourragère, ne la récolte pas, enfouis-la à titre d'engrais vert, puis ton calcaire produira. C'est un sacrifice de temps que je te demande; mais, que veux-tu, il faut quelquefois savoir attendre, et d'ailleurs qui ne met rien au jeu ne gagne rien.

## IX

## DES ASSOLEMENTS ET DU LABOURAGE

Une fois que tu seras maître de ton terrain et que tu pourras le mettre en culture régulière, c'est-à-dire lui demander les produits habituels de la contrée, tu diviseras ce terrain en plusieurs parties, en trois, quatre ou plus, qu'on nomme soles. C'est pourquoi l'opération s'appelle assolement.

Ici, par exemple, tu mettras une céréale ; là, une plante fourragère, herbe ou racine ; un peu plus loin, une plante industrielle. De cette manière, tu pourras varier tes cultures et ne pas ramener trop souvent la même plante à la même place. Voilà l'essentiel.

Les végétaux de la même espèce, du même genre, de la même famille, n'aiment pas toujours à se succéder ; ne l'oublie point. C'est facile à comprendre : ils mangent les mêmes vivres, en sorte que ceux qui arrivent les derniers risquent de faire maigre chère ou de ne plus rien trouver. C'est comme pour les animaux. Suppose qu'une fouine mange aujourd'hui toute une nichée de petits lapins, et qu'une autre fouine, ou bien un putois, ou bien encore une belette, bêtes de la même famille, fassent le lendemain une visite au clapier, cette bête n'y trouvera plus de quoi vivre.

Parce que des plantes de diverses sortés vivent sur la terre commune, ne va pas soutenir qu'elles mangent la même nourriture. Autant vaudrait soutenir que les renards, les écureuils et les blaireaux doivent s'accommoder du même régime, parce qu'ils habitent les bois les uns et les autres ; autant vaudrait dire encore que les oiseaux de l'air, les milans comme les alouettes, mangent au même plat. Ne le dis pas, car on se moquerait de toi. Ecoute bien ceci : Les plantes qui se sèment toutes seules et que l'homme n'a pas besoin de cultiver ne vont pas toutes de compagnie ; elles se partagent le terrain et poussent dans les marais, sur les rochers, dans l'argile, dans le calcaire, dans le sable, au bord de la mer, etc., selon leurs goûts, selon qu'elles trouvent, ici ou là plutôt qu'ailleurs, des vivres faits pour elles et en quantité suffisante. Mais quand nous les semons, nous autres, nous ne sommes pas sûrs de tomber aussi juste, de choisir la place aussi bien ; il nous arrive donc, de temps en temps, de leur donner un sol qui ne contient pas en quantité convenable leurs aliments de prédilection ; en sorte qu'au bout d'un an, de deux ans ou plus, la provision est épuisée, et les plantes dégénèrent d'une façon ou d'une autre.

Si tu savais au juste ce qu'il faut à une plante pour la contenter, et si tu avais toujours sous la main les engrais à sa convenance, il n'y aurait pas d'inconvénient à la ramener sans cesse à la même place. Mais ne sachant point au juste ce qui lui convient, sois prudent, change-la de place, comme si tu nourrissais une bête au piquet, et laisse à la nature le soin de refaire ce qui aura été défait.

Quand on détruit un ancien verger pour le former de nouveau, on a bien soin de ne pas mettre les jeunes arbres à la place que les vieux occupaient, surtout quand ces jeunes arbres sont de la même espèce. On sait qu'où les premiers ont vécu de longues années, il n'y a plus que de pauvres miettes à prendre la plupart du temps, surtout si l'on n'a point rendu à la terre, sous forme d'engrais, ce qu'elle a fourni aux arbres sous forme de sève. Tu procéderas de même à l'égard de nos plantes de la grande et de la petite culture.

L'art de l'assolement consiste à varier les cultures de façon à ne pas ramener coup sur coup au même endroit des plantes de la même espèce ou de la même famille, et à combiner les cultures de façon qu'où l'une aura bien mangé, l'autre puisse encore trouver à vivre ; qu'où l'une aura pris sa nourriture à la superficie, l'autre puisse la prendre plus bas ; qu'où l'une aura sali la couche arable en favorisant la croissance des mauvaises herbes, l'autre la nettoie en obligeant le cultivateur à faire des sarclages et des binages.

Exemple : Voici un champ qui a fourni de l'avoine et, avec elle, toutes sortes de mauvaises herbes qui ont porté graines et se sont ressemées. Au printemps prochain, j'y cultiverai des betteraves ou d'autres racines. Je serai forcé de sarcler et de biner, c'est-à-dire de tenir le terrain constamment propre. Après l'arrachage, je sèmerai à la place de la racine une céréale d'automne, si c'est possible, ou bien je laisserai passer l'hiver et sèmerai une céréale de printemps, un froment de mars, je suppose. Dans ce froment, je répandrai de la graine de trèfle. Ce trèfle occupera le sol une année pleine; je prendrai une coupe, j'enterrerai le regain avec la charrue, et l'année d'ensuite, je demanderai à mon champ une récolte d'avoine ; puis je reviendrai à mes racines. Voilà un assolement entre mille.

Je ne te conseille point d'adopter celui-ci plutôt qu'un autre. La combinaison d'un assolement dépend du climat, du terrain, des industries locales, des débouchés, des besoins du pays, des besoins particuliers du cultivateur, du voisinage et de l'éloignement des grandes villes, des moyens de transport, de l'ensemble ou du morcellement de la propriété. L'assolement qui peut t'enrichir appauvrira peut-être ton voisin. Il varie avec chaque contrée, comme il peut varier dans le même village entre gens qui se touchent.

Le meilleur assolement est celui qui permet de faire le plus d'engrais et qui donne les produits les plus recherchés en même temps que les plus lucratifs.

Je vais te parler à présent du labourage. Il est bon que tu saches pourquoi l'on retourne et l'on remue le sol, et comment on doit le retourner et remuer.

Lorsqu'on prend de la terre à une certaine profondeur et qu'on la ramène à la surface, elle ne produit rien d'abord. Tu auras beau la couvrir de bonnes graines, elles ne pousseront pas ou pousseront si mal que ce n'est point la peine d'en parler. Mais au bout de quelques années, ce sera différent : elle s'engazonnera petit à petit. Veux-tu savoir pourquoi ? C'est qu'elle aura senti l'air et le soleil ; elle en aura reçu un engrais et des influences qui l'auront modifiée d'une manière avantageuse. Donc, la terre gagne à recevoir les influences de l'air et du soleil, et c'est pour les faciliter que nous labourons avec la charrue, avec la bêche, avec la houe, avec toutes sortes d'outils de différents noms.

En labourant, nous mettons en dessous la terre améliorée, nous ramenons en dessus la terre nouvelle et la divisons de manière à ce que l'air et la chaleur de l'atmosphère puissent y pénétrer et fonctionner. Quand la division n'est pas complète, nous nous servons de la herse et du rouleau brise-mottes pour l'achever ; ou bien encore, lorsque les mottes sont trop dures, nous laissons aux rigueurs de l'hiver le soin de les rompre. L'air qui s'attaque à une motte n'agit bien qu'à la circonférence, qu'à l'extérieur ; mais dès qu'elle est divisée, il agit sur toutes les parties, les modifie toutes et rapidement. Tu comprends, rien que d'après cela, l'utilité de labourer, de herser, de briser les mottes d'une manière quelconque.

Les bons effets de l'air sur la terre labourée ne se produisent pas en vingt-quatre heures, sache-le bien. Il faut attendre des mois et des années : des mois, quand la terre est déjà faite ou que la couche neuve ramenée au-dessus est très mince ; des années, quand l'on a affaire à de la terre vierge, trop compacte et en couche trop forte.

D'après cela, tu dois comprendre qu'il y a folie à labourer deux fois le même terrain en un mois ou six semaines, que c'est interrompre l'action de l'air mal à propos et défaire la besogne qu'il a commencée. Tu dois comprendre que le cultivateur a intérêt à laisser au moins deux mois d'intervalle entre les labours légers, cinq mois au moins entre les labours profonds. Tu dois comprendre, enfin, qu'il faut se défier des argiles et des marnes, et ne les amener à la surface que par petites quantités à la fois. Trop d'argile et trop de marne neuve amène la stérilité pour de longues années.

C'est un malheur, sans doute. Je sais bien que les terres argileuses ont plus besoin d'air que les terres légères et que, pour leur en donner suffisamment, il faudrait des labours profonds. Dans ce cas, fais marcher une charrue taupe ou fouilleuse à la suite de ta charrue à versoir, et tu remueras ainsi le sous-sol sans rien en ramener au-dessus du champ. Le bon résultat sera obtenu à la longue et l'inconvénient évité.

Pour aller sûrement, va lentement. Cherche à augmenter l'épaisseur de ta couche arable, mais seulement d'année en année, sans brusquerie. Si tu veux aller trop vite, tu reculeras croyant avancer, tu enfouiras de la bonne terre d'en haut et la remplaceras par de la terre vierge du dessous qui ne produira rien. Ne songe point à supprimer le temps, ne songe point à le tromper. S'il te faut huit ou dix ans pour former une couche arable profonde, accorde les huit ou dix ans, et n'oublie pas que, plus cette couche deviendra profonde, plus il te faudra d'engrais pour la satisfaire. On ne construit pas une maison pour y loger une souris, on ne creuse pas un canal pour y faire passer un filet d'eau.

Quand ta couche arable aura trente et quelques centimètres d'épaisseur, tu seras libre de labourer à toute profondeur de fer. Il y a mieux : tu auras intérêt à labourer ainsi, parce qu'au lieu de la terre stérile qui, dans les premiers temps, se trouvait au fond de ton sol, tu y trouveras la meilleure terre fertile, celle qui aura reçu et gardé les égouts de l'engrais. Tu la ramèneras en haut avec profit.

Il est des cas, cependant, même dans d'excellents fonds, où il convient de n'entamer la terre avec la charrue que très légèrement. Ainsi, tu sauras qu'il est d'usage chez les bons cultivateurs, dans le courant de l'automne, de donner aux éteules un léger labour qu'on nomme *déchaumage*. Par ce moyen, on recouvre les mauvaises graines perdues sur le sol, on avance leur germination, et les plantes toutes jeunes se trouvent anéanties par l'hiver. Si, au lieu de ce labour léger, tu donnais un labour profond, tu retarderais la germination des graines qui, ramenées à la surface par les labours du printemps, ne manqueraient pas d'infester les récoltes.

Chez les cultivateurs qui ont l'habitude de semer sous raie, c'est-à-dire d'enterrer les graines de céréales avec la charrue, il va sans dire encore que plus le labour est léger mieux il vaut.

Après les gros labours, les petits. L'opération que l'on nomme binage, et qui consiste à remuer la terre dans les récoltes sarclées, est un petit labour. Il a pour but d'aérer le sol, de ralentir l'évaporation de l'eau souterraine et de favoriser ainsi la végétation.

Les sarclages, qui consistent à enlever les mauvaises plantes afin de sauvegarder la provision des bonnes et de ménager du même coup l'engrais du terrain, produisent en outre l'effet d'un petit labour. On soulève nécessairement plus ou moins la terre et l'on permet à l'air de s'y introduire.

Le hersage des prairies et des récoltes au printemps est encore un binage, c'est-à-dire un labour qui facilite et ouvre le passage à l'air dans les terrains trop compactes.

S'il est nécessaire de diviser la terre pour la soumettre aux influences de l'air, il est nécessaire aussi, quand ces influences ont produit leur effet, de tasser cette terre, à moins qu'elle ne soit très argileuse. Dans ce cas particulier, elle se tasse d'elle-même. Les terres légères mettent au contraire des semaines et des mois pour se rasseoir.

Une fois la graine semée, il ne faut plus que la terre bouge. On te dira : — Sème toujours sur vieux labour et non sur terre fraîchement remuée. Le conseil est bon, suis-le. La terre qui n'est pas consolidée dérange la semence, l'entraîne, l'empêche de germer, ou fait souffrir la jeune plante.

Lorsqu'il t'arrivera de semer en lignes et d'ouvrir des rigoles avec le rayonneur, commence par fouler le fond de ces rigoles avant d'y jeter la graine. La roue du semoir le foule assez bien. Si tu n'as pas de semoir, sers-toi de la roue d'une brouette.

Lorsque le mauvais temps ne t'aura point permis de labourer plusieurs semaines avant les semailles, tu te serviras du rouleau pour aider au tassement et l'avancer.

Lorsque tu n'auras qu'un tout petit coin de terre à ensemencer en betteraves, carottes, panais, oignons, laitues, par exemple, tu te rappelleras que ces plantes ne viennent jamais mieux que dans les sentiers. Donc, avant de semer ou après avoir semé, tu piétineras vigoureusement ce petit coin de terre.

## X

## LES PLANTES A CULTIVER.

Je vais t'entretenir à cette heure des plantes de la grande culture; plus tard, quand il s'agira du jardin de la ferme, je te parlerai des plantes potagères et des arbres.

Les cultivateurs établissent six divisions. On pourrait y trouver à reprendre et à redire, mais ce n'est ni le lieu ni le moment de faire de la critique. Adoptons-les tout simplement.

La première division comprend les CÉRÉALES, c'est-à-dire le froment, le seigle, l'orge, l'avoine, le maïs, le sarrasin.

Les LÉGUMINEUSES FARINEUSES forment la seconde division et comprennent les féveroles, les haricots, les pois et les lentilles.

Les *tubercules et racines* forment la troisième division. Ce sont la pomme de terre, le topinambour, la betterave, la carotte, le panais, les navets, choux-navets et rutabagas.

Les *fourrages artificiels* forment la quatrième division. Ce sont les trèfles, le sainfoin, les luzernes, les vesces, les pois gris, les féveroles en vert, la pimprenelle, la chicorée, la serradelle, les choux, la navette en vert, la spergule, le ray-grass, la phléole des prés, le millet, les lupins jaune et blanc.

Les *prairies naturelles* forment la cinquième division.

Les *plantes industrielles*, enfin, forment la sixième division. Ce sont, parmi les plantes qui donnent de l'huile, la navette, le colza, le pavot, la cameline, le madia et le navet; parmi les plantes textiles ou à filasse, le chanvre et le lin; parmi les plantes tinctoriales ou qui fournissent des couleurs, la garance, la gaude, le safran et le pastel. Puis viennent, à divers titres et pour divers besoins, le tabac, le houblon, la cardère, la chicorée à racines, la moutarde et le sorgho.

## XI

## PREMIÈRE DIVISION. — CÉRÉALES.

*Froment.* — Tu sauras qu'il existe plus de trois cents variétés de cette céréale, et que l'on partage les froments en deux grandes sections. La première renferme ceux qui ont le grain nu, c'est-à-dire bien dépouillé de la balle après le battage; la seconde renferme ceux que le battage ne dépouille point de leur balle et que l'on désigne sous le nom d'épeautres.

Les froments nus comprennent les variétés sans barbe et à paille creuse, telles que, par exemple, le froment commun d'hiver à épi et à grains jaunâtres et tendres; le froment de mars blanc, le blanc de Flandre, le talavera, le blanc de Hongrie ou chevalier, la touzelle blanche, la richelle blanche, le blé de Fellemberg, celui d'Odessa ou d'Alger, celui de Saumur, celui de haie ou de Tungstall, les froments de Marianopoli, de mars rouge, carré de Sicile, rouge velu de Crète et le blé bleu ou de Noé.

Les froments nus comprennent, en outre, les variétés barbues et à paille creuse, tels que le barbu d'hiver jaunâtre, barbu de mars de Toscane, rouge barbu ou blé de mai, saissettes de Provence, d'Arles, de Béziers, barbu du Caucase, barbu de Naples ou richelle blanche, froment du Cap, froment hérisson, froment de mars Victoria ou de soixante et dix jours. Les froments nus comprennent encore les barbus à paille pleine, poulard rouge lisse, poulard blanc lisse, ou blé de Taganrog. blé garagnan, poulard blanc velu de la Touraine, blé nouette à épis roux et velus, pétanielle rousse ou gros blé roux, blé turc, géant de Sainte Hélène ou blé de Dantzick, pétanielle noire à barbes caduques, blé de miracle ou de Smyrne, poulard bleu.

Les froments nus comprennent enfin les variétés à grains durs et cornés du Midi, tels que blé dur ou d'Afrique, blé barbu de Sicile ou trémois, aubaine rouge, blé d'Ismaïl ou tripet, blé noir de Taganrog, blé de Keris.

Les froments de la seconde section, ceux dont le grain ne se dépouille pas de la balle au battage sont l'épeautre sans barbe, l'épeautre blanc barbu, l'amidonnier blanc ou épeautre de mars, l'amidonnier roux, et enfin l'engrain commun ou petit épeautre, dont l'épi, au premier aspect, ressemble un peu à celui de l'orge à deux rangs.

Parmi les divers froments que je viens de citer, il y en a de robustes et de délicats, de hâtifs et de tardifs. La pratique te fera connaître ceux qui conviennent le mieux à la contrée. Tu sèmeras les hâtifs en mars et les tardifs en automne.

Le froment s'accommode tant bien que mal de tous les terrains, mais il ne s'accommode pas également de tous les climats. Les pays trop chauds, comme les pays trop froids ne lui conviennent point. Bien qu'il ne soit pas difficile sur le choix des terres, pourvu qu'elles aient été bien labourées et bien fumées, tu lui donneras, cependant, de préférence à toutes autres, les terres argileuses convenablement ameublies, les alluvions siliceuses qui bordent les grandes rivières ou les fleuves, les terres granitiques. Il y réussira mieux qu'autre part, sa farine sera de bonne qualité.

Dans les assolements, tu placeras le froment autant que possible sur jachère morte, ou à la suite de féveroles, colza, navette, betteraves, pavot, chanvre, lin, tabac, pommes de terre et trèfle. Seulement, rappelle-toi bien qu'après un colza chétif ou une navette chétive, tu ne saurais compter sur une bonne récolte de froment.

Tous les engrais peuvent être employés dans l'occasion, mais les meilleurs sont le fumier de cheval et la cendre de bois lessivée, répandus en même temps dans les terres argileuses. Dans les terres légères et sujettes à la sécheresse, tu remplaceras le fumier de cheval par le fumier de vache.

Si tu veux semer ton froment après le trèfle, les féveroles, les betteraves et les pommes de terre, par exemple, tu ne donneras au terrain qu'un seul labour préparatoire. Tu en donneras deux après le chanvre, le lin, le pavot, les pois et les vesces. Tu en donneras deux également après le colza et feras suivre le premier labour d'un coup de herse.

Ne prends pour semence que de la graine bien mûre, bien nettoyée, de bonne mine, fine d'écorce, coulante et lourde. Autant que possible, ne prends que celle de l'année, et, si tu l'achètes, aie soin de la tirer d'un pays un peu plus rude et un peu plus tardif que le tien. La graine de deux ans fournit moins de paille et donne des tiges moins sujettes à la verse.

On assure que le changement de semence est de toute nécessité, que si l'on se servait du grain de la récolte, on aurait la dégénérescence au bout de deux ou trois ans. Ceci n'est pas un point démontré; on peut soutenir le pour et le contre, et Mathieu de Dombasle, qui s'y connaissait, était d'avis que le grain de la ferme valait tout autant pour semence que celui de l'étranger. C'est aussi mon avis. Tout cultivateur qui voudra se donner la peine de faire sa semence sur un champ séparé et en lignes, qui aura soin d'attendre, pour la récolte, une maturité complète, qui fera un choix parmi les épis, qui nettoiera parfaitement le grain après le battage, n'aura pas besoin de débourser un centime pour frais de semailles.

Il y en a qui sèment le grain de froment tel qu'il est sorti de l'épi, sans préparation aucune, et qui ne s'en trouvent pas mal ; il y en a d'autres, au contraire, qui ont peur des maladies, et notamment de la carie et du charbon, et qui pensent prévenir ces maladies en faisant subir à la graine diverses préparations. Les uns la chaulent, les autres la mouillent avec une dissolution de couperose bleue ou une dissolution de sulfate de soude. J'en connais qui délayent un tiers de chaux dans deux tiers d'urine de vache et y trempent la semence. J'en connais qui prennent un tiers de chaux, un tiers d'urine de vache et un tiers d'eau de fumier pour y tremper leurs grains. J'en connais enfin qui mettent du sel de cuisine et de l'arsenic dans l'eau de chaux, afin de s'en servir dans le même but. Je n'ai pas grande confiance dans ces divers procédés, je ne les crois pas indispensables ; mais enfin, si tu veux les mettre à l'essai, rien ne s'y oppose. Toutefois, je te conseille bien de ne jamais employer l'arsenic. Ne joue pas plus avec le poison qu'avec le feu.

Une fois ta semence prête, ton terrain prêt, mets-toi à l'œuvre. Dans le midi de la

France, tu sèmeras du 15 au 20 octobre jusqu'à la fin de novembre ; dans l'est, de la seconde quinzaine de septembre à la fin d'octobre ; du côté de Lille, du 15 octobre au 15 novembre ; en Belgique, commence vers le 20 septembre et ne dépasse pas le mois d'octobre. Voilà pour le froment d'automne. Quant au froment du printemps, tu le sèmeras en mars, et le moins souvent possible en avril.

Dans les terres argileuses, tu répandras plus de graines que dans les terres légères. Les premières exigeront par hectare deux hectolitres cinquante litres ; les secondes n'exigeront jamais plus de deux hectolitres.

Je te parle ici, bien entendu, des semailles à la volée ; si tu veux semer en lignes et à l'aide d'un semoir mécanique, tu dépenseras assurément moins de graines.

Le semis fait, tu enterreras avec la herse, ou bien avec la charrue. La herse est plus expéditive pour recouvrir la semence et convient mieux aux grandes exploitations. En terre légère, tu ne manqueras pas de rouler.

Cette besogne exécutée, tu auras l'œil sur les rigoles d'écoulement et les fossés ; tu les tiendras constamment propres et en bon état, afin que les eaux ne séjournent point sur les emblaves.

A l'automne, les limaces sont à craindre : tu les surveilleras donc de près : tu les combattras avec de la chaux éteinte, avec le rouleau dans les terres légères, ou bien tu lanceras, une troupe de dindons maigres dans les emblaves attaquées, dindons que tu vendras gras trois semaines ou un mois plus tard.

Après l'hiver, tu rouleras vigoureusement les froments de terre légère, tu herseras ceux de terres fortes. Quand la végétation te paraîtra trop vigoureuse, tu auras soin, pour éviter la verse, de fauciller l'extrémité des feuilles du haut, et tu retarderas ainsi la pousse. C'est le pincement appliqué à la grande culture.

En mai ou en juin, selon les climats, tu enlèveras les mauvaises herbes, chardons et autres. Le produit t'indemnisera de ta peine.

Quand le grain sera formé et encore laiteux, tu auras à craindre les effets de la chaleur du soleil, après les nuits de forte rosée, effets qui amènent le retrait du grain. Pour l'éviter, tu *corderas* ton froment, c'est-à-dire tu agiteras les épis le matin au moyen d'un cordeau promené par deux personnes, et feras ainsi tomber la rosée. Tu opéreras pendant huit ou quinze jours, surtout si le temps est calme. S'il faisait du vent, le cordage ne serait pas nécessaire.

Dans le midi de la France, tu commenceras la moisson du froment dans la seconde quinzaine de juin ou au plus tard dans les premiers jours de juillet ; dans le nord et en

Belgique, sous le climat des Flandres, dans la seconde quinzaine d'août.

Dans le cas où tu saurais te servir de la sape, tu l'emploieras pour la moisson de préférence à la faucille, qui ne fait pas assez de besogne, et à la grande faux, qui ne fonctionne pas aisément au milieu des récoltes versées.

Si tu commences la récolte avant que les épis soient tout à fait mûrs, tu auras soin de mettre ces épis en moyettes pour que la maturation s'achève sur le terrain. On appelle moyette un assemblage de tiges dont les têtes sont recouvertes par une gerbe renversée. Quelquefois même on forme de petites gerbes que l'on dispose autour d'une gerbe centrale et que l'on coiffe comme précédemment.

Le plus ordinairement, dans les pays favorables à la culture du froment, et aussitôt que le grain est bien mûr, on met les javelles en gerbes du poids de quinze kilogrammes environ, puis les gerbes en meules, quand la grange n'est pas assez vaste pour les contenir.

Tu t'occuperas du battage pendant l'hiver, et tu le feras exécuter au fléau ou à la machine, selon que tu trouveras ton profit d'un côté plutôt que de l'autre.

Aussitôt le grain battu, tu le vanneras au moyen du van, ou mieux, du tarare; après quoi tu le mesureras pour te rendre compte du produit, et le transporteras au grenier, pour l'y étendre sur une épaisseur de quarante ou cinquante centimètres au plus. Il s'échauffera moins ainsi que si tu formais de suite de gros tas.

Un hectare qui ne te rapportera que dix-huit à vingt hectolitres ne fera pas merveille. Pour que le rendement soit remarqué et donne un bénéfice de quelque importance, il faut qu'il s'élève à trente hectolitres.

Quant au produit en paille, il est ordinairement en rapport avec le poids du grain. Pour cent kilos de grain de froment, compte à peu près sur deux cent cinquante kilos de paille, y compris les balles. M. Lecouteux nous dit que le poids de l'hectolitre de froment étant de soixante-quinze à quatre-vingts kilos, on compte pour bonne récolte celle d'un hectare qui, déduction faite de la semence, produit deux mille quatre cents kilos de grain et cinq mille kilos de paille, et pour très forte récolte, trois mille kilos de grain et six mille trois cents kilos de paille par hectare. Voilà le but ; tâche de l'atteindre.

Tu sauras que, pour bien conserver le grain sur les greniers, il faut bien l'aérer, et qu'à cet effet on peut se servir d'espèces de tuyaux de drainage en bois qui amènent l'air du dehors et le renouvellent parmi le tas. Tu sauras aussi qu'on peut le conserver en silos, c'est-à-dire en fosse, mieux et plus longtemps qu'au grenier.

Tu veilleras à ce que la calandre ou charançon et l'alucite ou teigne des blés ne commettent pas de grands ravages parmi tes provisions. Pour éloigner la calandre, on propose divers moyens. Les uns remuent très souvent le froment ; les autres placent à côté du tas de grain principal de tout petits tas que l'on ne remue point, et où les charançons se réfugient dès qu'on les dérange en bouleversant le gros tas. On peut alors les échauder facilement. Je te conseille de former les petits tas avec de l'orge, parce que les charançons l'affectionnent particulièrement. On a recommandé aussi d'introduire dans les tas de grain de froment de petites bottes de chanvre, de tanaisie, de rue, de sauge des prés et de menthe. On a recommandé enfin d'enduire de goudron, à la hauteur de trente centimètres environ, les murs du plancher aux provisions. On assure que l'odeur de ce goudron éloigne les insectes.

Quant à l'alucite ou teigne des blés, on a conseillé aussi de remuer les grains et de les aérer, mais ce moyen n'a pas d'efficacité bien établie. Ce qu'il y a de mieux à faire, à mon avis, c'est de battre les gerbes le plus tôt possible, afin que les œufs de l'insecte n'aient pas le temps d'éclore dans le gerbier ou dans la meule, et, après cela, de soufrer le grain battu et vanné, afin de détruire les œufs en question. Pour soufrer, tu t'y prendras de la manière suivante : Tu commenceras par brû- ler un morceau de mèche soufrée dans un tonneau vide, et, quand il sera plein de va- peur, tu y verseras du grain. Une fois la fu- taille à moitié remplie, tu fermeras la bonde et rouleras en tous sens, comme si tu voulais rincer. Au bout de cinq minutes, tu retireras le froment soufré et le mettras en sac pour le monter au grenier, l'y verser et le remuer à la pelle. On parle encore d'un autre moyen qui consiste en une machine qui porte le nom de *tue-teigne*. Cette machine, lorsqu'elle est mise en mouvement par une manivelle, lance les grains avec une telle force contre des palettes, que les œufs de l'alucite en sont détruits.

Je ne te dirai rien des usages du froment ; tu les connais. Tu sais que sa farine sert à fabriquer le pain et diverses pâtes, que sa paille sert à la nourriture des bêtes et leur forme litière ; tu sais enfin que le froment sert à la préparation de l'amidon et de cer- taines bières, préparations qui intéressent plus l'industrie que l'agriculture, et dont, par conséquent, je n'ai point à t'entretenir ici.

*Seigle.* — Le seigle est, en quelque sorte, le froment des pauvres contrées et des pau-

vres gens. On le dit facile à élever et se con-
tentant de peu. C'est absolument comme
l'âne, cette autre providence du pauvre, animal gourmand, qui n'en a pas moins une
grande réputation de sobriété. Le seigle, lui
aussi, passe pour être sobre quoique passablement vorace. Vertu forcée! il aime les
gras terrains, on ne lui en donne que de
maigres, le calcaire aride, le sable, le schiste,
le granit, les landes écobuées. Dès que ces
maigres terrains s'enrichissent un peu, on y
remplace le seigle par des récoltes plus déli-
cates et plus exigeantes.

Je ne connais qu'une espèce de seigle,
celle que nous cultivons généralement. Cette
espèce a donné deux variétés : *le seigle de
mars*, que l'on sème au printemps, et *le
seigle multicaule*, ou de *la Saint-Jean*, que
l'on sème en juin, que l'on fauche en vert à
l'automne pour le bétail, et qui, l'année d'a-
près, repousse et donne quelquefois une
bonne récolte en grain.

Le seigle résiste assez bien au froid et
mûrit assez tôt, mais il redoute les terrains
humides.

Donne deux labours à la terre qui doit le
recevoir, divise-la le mieux possible, mets-la
en poussière, puis laisse-la se reposer, se
tasser pendant un mois au moins. Si cette
terre n'est pas assez riche en vieil engrais
pour nourrir la récolte, donne-lui

du fumier bien pourri, du fumier de vache surtout. Si tu n'as pas de fumier bien pourri, tu te serviras de fumier long en couverture, après avoir semé, recouvert et roulé. Un vieux compost qui serait formé de terre, de fumier de vache ou de porc, de cendres de bois, de chaux et que l'on arroserait avec dès eaux de latrines ou de l'urine, ferait merveille sur cette céréale.

Prends de la belle et bonne graine, pesant de 72 à 75 kilos par hectolitre; sème cette graine à la volée par un temps sec, à raison de 150 à 200 litres par hectare, le moins pour les terres riches, le plus pour les terres maigres, et dès le mois de septembre, pour que le jeune seigle puisse taler avant l'hiver. Enterre légèrement avec la herse à dents de bois et roule vigoureusement.

Aussitôt après les semailles, dégage les ri-goles, soigne-les de façon que l'eau n'y sé-journe point. Dans le courant de l'automne, prends garde aux limaces : elles raffolent du seigle; après l'hiver, donne un coup de herse et ensuite un coup de rouleau.

En avril ou mai, selon les pays, enlève les mauvaises herbes de l'emblave.

Ton seigle mûrira huit jours ou plutôt quinze jours avant le froment. Une fois mois-sonné, tu l'engrangeras au plus vite, car les javelles pourraient recevoir l'eau des pluies et en souffrir.

Quand l'hectare te rendra 20 hectolitres
de grain et un peu plus de 3.000 kilos de
paille, tu ne te plaindras pas. Quand, en bonne
terre, il te rendra de 30 à 40 hectolitres de
grain et de 5,000 à 7,000 kilos de paille, tu
te réjouiras.

Tu ne battras point ton seigle à la manière
des autres céréales. Si sa paille était broyée
par le fléau ou mâchée par la machine, elle
perdrait de sa valeur. Tu l'égrèneras donc
en n'attaquant que l'épi, soit entre un billot,
soit au moyen du fléau, soit enfin en présen-
tant cet épi à la machine sans lui abandonner
la paille.

Tu vanneras et cribleras le grain avec le
plus grand soin avant de le mettre au grenier. Ceci est de rigueur, car le seigle est
sujet à l'ergot, et l'ergot est un poison qui
ne pardonne guère. Toutes les fois que l'eau
aura séjourné sur tes emblaves, que l'année
aura été pluvieuse, que tu auras ramené trop
souvent le seigle à la même place, tu remarqueras de longs et gros grains bruns aux épis.
Voilà l'ergot, voilà le poison.

Les usages du seigle sont nombreux. En
vert, il constitue un excellent fourrage ; sa
farine donne un pain agréable, mais moins
nourrissant que celui de froment. Son grain
distillé produit de l'eau-de-vie connue sous
les noms de *genièvre* en Belgique, de *schie-
dam* en Hollande, de *gin* en Angleterre. Ce

même grain, grillé, remplace le café chez les pauvres de l'Angleterre, comme la chicorée le remplace ailleurs. La paille du seigle sert à couvrir les maisons, à empailler les chaises communes, à fabriquer des abris pour le jardin, des paillassons, des nattes, des corbeilles pour le pain, des ruches, des liens pour la moisson, des ligatures pour accoler les plantes aux tuteurs; elle sert enfin à titre de litière.

*Orge.* — Pour l'Académie, l'orge est du genre masculin; pour les cultivateurs, l'orge est du genre féminin. Je m'adresse à un cultivateur et lui parle sa langue, au risque d'avoir tort.

Nous connaissons plusieurs variétés d'orge. Je ne citerai que les principales qui sont : 1° l'orge d'hiver, ou escourgeon ou sucrion; 2° l'orge noire ; 3° la grande orge à deux rangs ; 4° la petite orge à quatre rangs ; 5° l'orge nue à six rangs, ou orge céleste; 6° l'orge nue à deux rangs; 7° l'orge chevalier.

On sème les deux premières avant l'hiver; on sème les cinq autres au printemps, quand les gelées ne sont plus à craindre.

L'orge a, comme le seigle, le mérite de mûrir ses grains de bonne heure. Comme le seigle, et mieux que le seigle, elle s'avance sans trop de périls vers les climats froids.

L'orge se laisse envahir facilement par les mauvaises herbes; donc sa place dans un assolement est à la suite d'une culture sarclée, à la suite du colza ou des pommes de terre, ce qui ne l'empêche pas de réussir fort bien après des vesces fauchées en vert ou sur tréfilères et prairies rompues.

Donne à l'orge un terrain bien assaini, plutôt sec que mouillé, parfaitement labouré, fumé avec du fumier très pourri ou des matières fécales et hersé dans tous les sens. Laisse à ce terrain remué le temps de se rasseoir.

Par un temps sec, la veille ou quelques heures avant de semer, arrose, si tu le peux, avec du purin étendu d'eau, puis répands la graine à la volée. Si tu as affaire à de l'orge d'hiver, sème en octobre à raison de 210 litres par hectare, enterre de 6 à 12 centimètres avec une forte herse à dents de fer, puis roule.

Après la levée, qui ne se fait guère attendre, surveille les limaces et entretiens les rigoles.

Après l'hiver, vers la fin de mars, tu rouleras ton orge, puis tu la herseras, puis tu la rouleras de nouveau dans la première semaine d'avril. Vers la fin de ce mois ou au commencement de mai, tu enlèveras les mauvaises herbes; autrement, elles prendraient le dessus et mangeraient les vivres.

Dans la deuxième quinzaine de juillet, ou dans les premiers jours d'août, le matin ou

le soir, tu moissonneras l'orge. Le bon moment, c'est quand la récolte est jaune sur
pied ; dès qu'elle blanchit, il est trop tard :
la paille se rompt alors au-dessous de l'épi
et les grains se détachent trop aisément. Tu
laisseras les javelles deux ou trois jours seulement sur le terrain, avant de gerber. Un
trop long séjour sur la terre ternirait le
grain. Par hectare bien soigné, tu récolteras
de 35 à 42 hectolitres d'escourgeon, du poids
de 60 à 65 kilos l'hectolitre, et, au moins.
3,500 kilos de paille.

Tu ne donneras pas ton orge d'hiver aux
bêtes, tu la vendras aux brasseurs, qui en feront plus de cas que de l'orge de printemps.

Si tu cultives de l'orge noire, tu la réserveras pour les cochons et la volaille. Elle est
excellente, mais le commerce n'en veut point
à cause de sa couleur de suie.

Les orges d'été recherchent une terre également bien fumée, bien labourée, bien hersée et bien tassée. Tu les sèmeras en mars ou
en avril, quand les gelées ne seront plus à
redouter, et à raison de 225 à 250 litres par
hectare. L'orge céleste, qui talle plus que les
autres, n'exige que 200 litres.

Une fois la graine répandue, tu l'enterreras avec la herse et rouleras. Tu peux fumer
en couverture et compter sur un succès.

Les orges d'été te rendront, à la récolte,
de 20 à 25 hectolitres de grain en moyenne

et de 160 à 200 kilos de paille par 100 kilos de grain. Ce grain n'aura pas le poids de l'orge d'hiver; compte sur 50, 52 et 53 kilos par hectolitre.

Avec l'orge, on fait un pain de mauvaise qualité; cependant, la farine de l'orge céleste fait exception, vaut mieux que celle des autres et peut être mélangée avec de la farine de froment pour la fabrication du pain. L'orge sert surtout à préparer la bière, à nourrir les chevaux dans le Midi, les porcs et la volaille partout. L'industrie livre au commerce de l'*orge mondé*, c'est-à-dire de l'orge dépouillée de sa pellicule amère, et de l'*orge perlé*, celle qui est dépouillée non-seulement de sa pellicule, mais encore de ses deux extrémités : on s'en sert pour préparer des tisanes rafraîchissantes.

La paille d'orge n'est bonne qu'à faire litière.

*Avoine.* — On cultive un grand nombre de variétés d'avoine, et toutes ces variétés appartiennent à quatre espèces seulement, qui sont : 1° l'avoine commune; 2° l'avoine d'Orient, que l'on nomme encore avoine unilatérale, de Hongrie, de Sibérie, de Hollande; 3° l'avoine nue; 4° l'avoine rude. La première espèce, la plus recherchée de toutes, est celle qui renferme le plus de variétés, cultivées sous différents noms. La seconde est excellente, mais elle se montre plus difficile sur le terrain que l'avoine commune. Les deux dernières espèces ne conviennent guère qu'aux terrains très maigres et aux climats durs.

Il existe une avoine d'hiver qui réussit bien dans certaines localités, mais j'ai plus de confiance dans les avoines semées au printemps. Si la récolte est moins considérable, en revanche elle est plus sûre.

N'imite point les cultivateurs qui s'obstinent à placer une avoine après un froment ou un seigle; n'imite pas non plus ceux qui demandent deux et trois avoines de suite au même champ. Non-seulement, c'est contraire au sens commun, mais on arrive ainsi à salir les terres outre mesure, en même temps qu'on les épuise outre mesure aussi. Autant que possible, tu sèmeras tes avoines après des récoltes sarclées, colzas, féveroles, ou pois, ou bien sur défrichement de forêts, de prairies naturelles ou artificielles, sur un trèfle rompu, par exemple.

L'avoine aime les climats et les terrains frais. Tu lui réserveras les terres argileuses, les marais et les étangs desséchés. Elle se plaît aussi dans les terres schisteuses et granitiques, où l'eau ne manque point. Le fumier de vache est son engrais favori.

En automne, tu donneras un labour à la terre, et tu sèmeras, si tu le peux, à partir de la fin de février ou en mars, à raison de deux à trois cents litres par hectare. J'en sais qui répandent six, sept et jusqu'à huit cents litres de semence, afin d'avoir de la paille plus tendre pour fourrage. Ce qu'ils gagnent ainsi d'un côté ils le perdent de l'autre. La paille est plus tendre, mais elle est plus sujette à la verse, et le grain devient trop maigre. Tu enterreras avec une herse à dents de fer, et tu rouleras de suite, si la terre est légère. Tu rouleras de même dans les argiles, mais après la levée seulement, quand le brin aura de cinq à huit centimètres. Dans le courant de mai, tu sarcleras.

Sous les climats tempérés, tu moissonneras tes avoines dans le mois d'août; sous les climats du Nord, vers la fin de septembre et avant qu'elles soient bien mûres. Tu laisseras les javelles sur le champ pendant six ou sept jours au plus, pour que la maturité s'achève, puis tu les mettras en gerbes et les rentreras.

Généralement, et parce qu'on cultive mal l'avoine, on ne retire que vingt hectolitres en moyenne par hectare. Sur récolte sarclée, ou sur prairies rompues, tu obtiendras de trente à quarante hectolitres ; quelquefois même tu obtiendras les chiffres de soixante et soixante-dix. Mais ces chiffres sont exceptionnels. Un bon cultivateur doit se contenter de deux mille cinq cents kilos de grain et de quatre mille kilos de paille. Tu sauras, pour ta gouverne, que l'hectolitre de belle et bonne avoine pèse environ cinquante kilos.

Les usages de l'avoine sont nombreux. Dans certains pays, les pauvres gens en font un pain noir ou de la bouillie. Elle sert à préparer du gruau pour les potages. En Angleterre et en Allemagne, les brasseurs en tirent parti pour fabriquer une bière fine et délicate, à ce qu'on dit. L'avoine est excellente pour les bêtes de travail, surtout quand on a soin de la concasser grossièrement. Elle donne aux porcs un lard ferme et savoureux. La paille d'avoine sert de litière et de fourrage aux chevaux et aux vaches. Les moutons et les vaches font quelquefois maigre chère avec la balle du grain; mais cette balle est surtout convenable pour bourrer des traversins et remplir des paillasses de lits d'enfants.

Enfin, l'avoine en vert est un délicieux fourrage.

Maïs. — Le maïs ou *blé de Turquie*, comme l'on dit vulgairement et à tort, puisqu'il nous vient de l'Amérique du Sud, est une plante des pays chauds et tempérés, une plante de l'Italie, du midi, de l'ouest et de l'est de la France. Où la vigne mûrit toujours bien ses grappes, le maïs mûrit toujours bien ses épis; où le raisin a de la peine à mûrir, le maïs a

de la peine à mûrir aussi ; ou bien, s'il mûrit encore, le produit baisse et les avantages
de sa culture s'en vont.

Sous le climat de Paris déjà, il n'y a plus
guère à se fier au maïs ; on ne saurait compter sur lui pour payer les fermages.

Au nord de Paris, le maïs devient une
plante d'amateur ; on le rencontre bien quelquefois parmi les champs, mais c'est pour la
rareté du fait, et encore n'emploie-t-on que
des variétés précoces, *le maïs blanc, le qua-
rantain, le maïs à poulet*, qui donnent un
faible produit.

En somme, et tout bien compté, ne cultive
pas le maïs dans le nord de la France. Ne
force point le climat, c'est un jeu dangereux.
Ce qu'il te donnera librement vaudra toujours
mieux que ce que tu essayeras de lui dérober.
J'ai obtenu du maïs, des tomates et du poivre
long au cœur de l'Ardenne, mais ces denrées-
là m'ont coûté plus cher qu'au marché, crois-
le bien. Les tours de force n'enrichissent pas
le cultivateur.

Le maïs demande un climat chaud, ou tout
au moins un climat doux ; une terre riche,
un peu fraîche, bien fumée et bien divisée
par les labours. Donne au maïs ce qu'il demande.

Le maïs craint le froid ; attends, pour le semer, que les gelées de printemps ne soient
plus à redouter. Commence l'opération dans

le courant d'avril, ne dépasse guère la première semaine de mai.

Prends de la graine d'un an, ou mieux de deux ans, car cette dernière te donnera un peu moins de tiges et plus d'épis ; mets-la tremper dans de l'eau de fumier pendant vingt-quatre heures, sors-la de cette eau, donne-lui le temps de se ressuyer et prépare-toi à la répandre.

Il y a des cultivateurs qui sèment le maïs à la volée et à raison de deux cents litres et plus par hectare. Mauvaise méthode ; ne la suis point. Ouvre des rigoles peu profondes avec le rayonneur, à soixante-dix ou quatre-vingts centim'tres l'une de l'autre ; laisse tomber les grains un à un dans les lignes, à raison de dix à peu près par mètre de longueur, puis recouvre avec le dos de la herse.

Dans le courant de juin, tu bineras ton maïs et l'éclairciras de façon à laisser un intervalle de soixante centimètres au moins entre les pieds.

Quand le maïs aura trente-cinq ou quarante centimètres, tu sarcleras entre les lignes et butteras chaque pied pour lui donner de la fraîcheur et le soutenir contre les coups de vent.

Dans le mois d'août, quand les épis et les grains seront formés, tu pourras pincer les tiges, c'est-à-dire en couper l'extrémité sur une longueur de vingt à vingt-cinq centimètres, afin de refouler la séve sur les épis, de les développer davantage et d'en hâter la maturité. Tu ne perdras pas les parties coupées, tu les donneras aux vaches.

Toutes les fois que tu découvriras au pied de ton maïs des rejets, des gourmands, qui mangeront de la séve en pure perte, tu les supprimeras.

Tu ne laisseras pas inoccupés les intervalles de la plantation ; tu y mettras des haricots, des choux repiqués, des laitues, des navets, des rutabagas et des courges.

Vers la fin de septembre, ton maïs mûrira. Dans la première quinzaine d'octobre, tu le récolteras. A cet effet, tu rompras les épis de chaque tige et les jetteras dans des paniers, des mannes ou des sacs. Quant aux tiges, tu les couperas à temps perdu, tu les diviseras par tronçons et les donneras aux vaches.

Tu mettras les épis de la récolte en tas, dans la grange ou ailleurs, et, au bout de quelques jours, quand ils auront jeté leur sueur, comme l'on dit, tu les dépouilleras de leurs enveloppes. Celles de l'extérieur te serviront de fourrage, celles qui touchent aux grains te serviront pour remplir les paillasses.

Au fur et à mesure que tu découvriras un épi fort, à rangées régulières et formé de beaux grains d'une couleur uniforme, tu le conserveras pour semence et lui laisseras une partie de son enveloppe retroussée pour le pendre quelque part, au grenier ou à la cuisine.

Une fois les épis dépouillés, tu les mettras au four après la cuisson du pain, afin de les dessécher un peu et de rendre l'égrenage facile.

Puis, tu les battras au fléau, ou bien tu les égrèneras en les frottant contre un fer de bêche ou une lame de pelle à feu.

Il est d'usage de brûler les *chatons* de l'épi dès que le grain est enlevé ; tu ne les brûleras pas, tu les couperas par petits morceaux et les feras cuire pour les vaches avec un peu de sel.

L'hectare de grand maïs te rendra un tiers et même moitié plus que le froment, très communément vingt-cinq hectolitres en terres de fertilité moyenne, quelquefois jusqu'à quatre-vingts hectolitres dans d'excellents sols.

Les usages du maïs sont nombreux et importants. Avec sa farine, on fait une bouillie qui porte différents noms, selon les pays, mais plus ordinairement celui de *gaudes*. On fait aussi des gâteaux communs avec cette même farine ; on peut l'ajouter à la farine de froment pour la fabrication du pain.

Le maïs en grains ou réduit en pâtée forme une délicieuse nourriture pour les porcs et la volaille.

Pas de meilleur lard que celui des porcs nourris au maïs, pas de plus fines poulardes, pas de meilleures dindes, de meilleures oies grasses que celles qui ont été soumises à ce régime de choix.

Tu sauras, enfin, que le maïs semé à la volée et coupé en vert donne un fourrage abondant et de toute première qualité.

*Sarrasin.* — Le sarrasin ou blé noir a été classé parmi les céréales ; nous le laissons où on l'a mis. Il y a deux sortes de sarrasin : 1° celui que l'on cultive le plus ordinairement ; 2° l'espèce dite *tartarie*, qui porte des dents ou des échancrures aux angles de la graine. On dit cette espèce un peu plus robuste que la première, mais elle est d'un médiocre rapport.

Tu ne sèmeras le sarrasin qu'en seconde récolte, après le lin et le seigle, dans le midi de la France, ou bien, ailleurs, après le colza ou la navette, ou bien encore après des vesces fauchées de bonne heure.

Tu ne lui donneras ni terrain très frais, ni terrain très riche. Dans le premier, il ne réussirait point ; dans le second, il se coucherait.

Tu lui donneras une terre médiocre et légère, sans distinction de nature. Il pousse dans le calcaire, dans le granit et dans le schiste.

Tu ne lui serviras pas beaucoup d'engrais.

La plupart du temps, il vit des miettes de la récolte qui l'a précédé. Cependant, si le terrain était absolument pauvre, tu te trouverais bien d'y répandre des cendres de bois, de tourbe ou de plantes marines, selon la contrée.

Le sarrasin est très sensible aux gelées ; c'est pourquoi tu ne le sèmeras jamais avant le 15 mai ; même, dans les pays méridionaux, tu attendras le mois de juin ou de juillet.

Dans les contrées chaudes, tu sèmeras un peu dru, à raison de cent litres par hectare, sous les climats tempérés, à raison de soixante ou quatre-vingts litres ; sous les climats humides, en se rapprochant du Nord, à raison de trente-cinq à quarante litres seulement.

Tu te trouveras bien de répandre en même temps, sur le même terrain, de la graine de prairies artificielles, luzerne, trèfle ou sainfoin.

Le sarrasin pousse vite et mûrit ses graines au bout de trois mois au plus. Dès que la moitié de ces graines seront mûres, ordinairement dans le courant de septembre, quelquefois en octobre, tu feras la récolte et poseras les javelles debout par petits tas écartés du pied ; tu les laisseras ainsi quelques jours sur le terrain.

Quand la paille sera suffisamment sèche, tu opéreras le battage au fléau ou à la machine.

L'hectare te rendra, en bonne moyenne, de vingt à vingt-cinq hectolitres.

La farine de sarrasin sert à la nourriture de l'homme. On en fait des galettes et des bouillies ; les graines sont excellentes pour la volaille et passent pour provoquer la ponte des poules. Les cochons et les chevaux s'en accommodent très bien aussi.

Le sarrasin, coupé en vert au moment de la floraison, est donné parfois comme fourrage aux vaches, mais c'est une pauvre nourriture. La paille sèche forme une mauvaise litière, et ce qu'il y a de mieux à faire, c'est de la jeter dans le trou au purin et de l'y laisser pourrir à la longue. Fort souvent on ne sème le sarrasin dans les terrains maigres que pour l'y enterrer au moment de la fleur, à titre d'engrais vert.

## XII

## DEUXIÈME DIVISION. — LÉGUMINEUSES FARINEUSES.

*Féverole.* — La féverole, que l'on nomme aussi *fève de cheval, gourgane* se plaît dans les terres argileuses compactes, dans les argiles sablonneuses, dans les terres neuves, sur les gazons rompus de prairies naturelles ou artificielles. Ne la sème point dans les terres rouges, on dit qu'elle n'y réussit pas, à cause du fer qui s'y trouve. Quant au climat, elle n'est pas difficile; cependant, lorsqu'on s'avance vers les pays froids, elle a quelquefois de la peine à mûrir et ne résiste pas toujours aux gelées du printemps.

La féverole aime le fumier de vache bien pourri, ainsi que les composts faits avec du gazon, de la chaux, des cendres et de l'eau de fumier.

Sur prairies rompues, tu ne donneras qu'un seul labour pour semer. Après une céréale, c'est différent. Tu commenceras par un déchaumage, c'est-à-dire par un labour très superficiel aussitôt la récolte finie; en décembre, tu laboureras profondément; en mars ou même au commencement d'avril, tu laboureras encore, mais seulement à huit ou dix centimètres au plus, et au fur et à mesure que la charrue avancera, une personne laissera tomber les graines dans la raie, à raison de quatre ou cinq par trente-deux centimètres de longueur, et ainsi de suite, de deux raies l'une, de façon qu'entre les lignes de féveroles il y ait un intervalle de soixante-quatre centimètres environ. Au lieu de gagner à serrer les plantes, on perd ; de là le proverbe du nord de la France : *Eloigne-toi de moi, je rapporterai pour toi.* C'est vrai ; mais tu remarqueras, en passant, que la paille des féveroles ainsi écartées devient un peu dure, et que, étant sèche, les bêtes en rebutent certaines parties.

Aussitôt tes féveroles enterrées, tu herseras pour ameublir la surface, puis tu rouleras.

En mai et juin, tu sarcleras, bineras et butteras. Au moment de la floraison, tu enlèveras l'extrémité des tiges à coups de baguette, afin de préserver l'emblave des pucerons noirs et de rejeter la séve sur les premières gousses.

Dès que ces gousses noirciront, vers la fin d'août et plus souvent en septembre, tu faucheras ou arracheras les féveroles. Tu les laisseras en javelles sur le champ pendant huit ou dix jours et les retourneras deux fois, afin de les dessécher des deux côtés. Au bout de ce temps, tu les mettras en bottes et debout, le pied des bottes écarté, afin d'activer la maturation, puis tu les enlèveras et en former.s des meules.

Pour deux cents ou deux cent cinquante litres de semence par hectare, tu ne récolteras le plus souvent que de quinze à dix-huit hectolitres du poids de quatre-vingts à quatre-vingt-cinq kilogrammes l'hectolitre et un peu plus de deux mille kilogrammes de fanes sèches. En cultivant mieux qu'on ne le fait habituellement, tu obtiendras vingt-cinq hectolitres ; en cultivant dans la perfection, et pourvu que l'année soit favorable, tu obtiendras de trente-cinq à trente-huit hectolitres.

Tu sauras qu'il existe une féverole d'hiver, variété plus robuste que la précédente, presque aussi robuste que le colza et l'escourgeon. On la sème du 15 au 20 septembre, à la volée et à raison de deux cents litres par hectare, et on l'enterre profondément. On bine au printemps, on éclaircit s'il y a lieu et l'on récolte en août.

Les fanes de féveroles sont un excellent fourrage pour les chevaux, les vaches et les moutons. Les cultivateurs qui les brûlent pour en avoir les cendres ont donc tort. Les graines, ramollies dans l'eau ou concassées, constituent aussi une délicieuse nourriture pour le bétail. Mathieu de Dombasle, notre maître à tous, s'exprime ainsi sur leur compte : « Elles augmentent beaucoup le lait des vaches et engraissent parfaitement le bétail à cornes. Elles sont bonnes aussi pour l'engraissement des cochons, quoique inférieures, sous ce rapport, aux pois et au maïs. Pour les bêtes à laine, c'est une des meilleures provendes qu'on puisse leur donner pendant l'hiver. Elles remplacent parfaitement bien l'avoine pour les chevaux, en les faisant concasser et les mêlant avec de la paille hachée... » Un hectolitre de féveroles peut remplacer presque deux hectolitres d'avoine.

*Haricots*. — Les haricots ne sont pas communs dans la grande culture : on en voit par-ci par-là, mais rarement en larges pièces. Pourtant, c'est une plante qui rapporte bel et bien, et dont les produits n'embarrassent personne. Oui, mais il y a toutes sortes de mauvaises chances à courir dans sa culture : on a peur de la pourriture des graines en terre, on a peur des gelées pendant la pousse et aussi des limaces, qui raffolent de ses feuilles.

Les haricots veulent une terre bien ameublie et un peu fraîche. Ils pourrissent dans les terres mouillées et ont de la peine à germer dans celles qui sont trop sèches.

Autant que possible, tu les sèmeras après une avoine, sur vieux fumier, et dans un champ à surface meuble et à fond solide. A cet effet, tu ouvriras des rigoles de trois ou quatre centimètres de profondeur au plus et à cinquante centimètres l'une de l'autre ; tu y laisseras tomber à peu près une douzaine de graines par mètre de longueur, puis tu recouvriras, et en temps de sécheresse tu rouleras.

J'en connais qui sèment les haricots dès le mois d'avril. C'est trop tôt ; attends la seconde quinzaine de mai, et plutôt la fin de cette seconde quinzaine que le commencement. Qui se presse trop s'expose aux ravages des gelées.

Tu dépenseras deux hectolitres de semence par hectare ou approchant; tu ne cultiveras que des haricots nains, car ceux qui montent demandent des rames, et les rames coûtent trop cher. Parmi les haricots nains, tu choisiras le *blanc commun*, le *soissons gros pied* et le *suisse rouge*.

En septembre, tes haricots mûriront. Tu les arracheras par un temps sec, tu les mettras en petites bottes et les laisseras sur le terrain, la tête en bas, les pieds en l'air, pendant trois, quatre ou cinq jours ; après quoi tu les rentreras et les étendras sur des perches et sous un hangar. C'est une récolte qui aime le grand air.

Plus tard, et à loisir, tu les battras au fléau. Les haricots te rendront, en moyenne, dix pour un, c'est-à-dire vingt hectolitres par hectare. Dans le nord de la France, il n'est pas rare d'obtenir de trente à trente-cinq hectolitres.

Tu donneras la paille aux moutons.

Les haricots n'épuisent guère la terre, et pourvu qu'on répande sur cette terre des cendres de bois, on peut les y cultiver trois ou quatre années de suite. Cependant, il y a de bons cultivateurs qui ne ramènent les haricots à la même place que tous les six ou huit ans.

Les haricots secs ne sont utilisés que pour la nourriture de l'homme.

*Pois.* — Cette plante se plaît dans les terrains de consistance moyenne, c'est-à-dire ni compacts, ni légers. Elle ne demande pas beaucoup de fumier, mais elle le veut bien pourri. Le fumier long lui est tout à fait contraire.

Au mois d'août ou de septembre, selon les climats, tu donneras à la terre un léger déchaumage. Six semaines ou deux mois plus tard, tu exécuteras un labour profond, et au printemps, si le champ est pauvre, tu y répandras du compost, ou des boues de ville, ou du fumier bien décompoé. Aussitôt l'engrais répandu, tu l'incorporeras au sol avec une herse. Cela fait, tu prendras par hectare de deux cents à deux cent cinquante litres de graines de pois nains, autant que possible de la variété cultivée dans l'arrondissement de Dunkerque, ou bien encore le pois Michaux de Hollande ou le pois de Commenchon, et tu opéreras avec la charrue comme pour les féveroles. Tu ouvriras une raie de huit à neuf centimètres de profondeur; une personne te suivra et laissera tomber les graines dans cette raie à cinq centimètres l'une de l'autre, et ainsi de deux raies l'une, de manière à laisser entre les lignes de pois un intervalle d'environ trente-deux à cinquante centimètres.

Dans le courant d'août, quand les feuilles jaunissent et que les gousses ne sont ni trop vertes ni trop sèches, tu moissonneras les pois et les laisseras en petites bottes sur le champ pendant une semaine, puis tu feras de grosses bottes avec les petites et les rentreras.

En moyenne, tu obtiendras de vingt à vingt-quatre hectolitres.

Tu feras manger les fanes sèches aux vaches et aux moutons.

Tu ne ramèneras les pois à la même place que tous les sept ou huit ans.

*Lentilles.* — Presque toujours, on ne donne aux lentilles que les terrains maigres, et l'on n'obtient que des fanes rabougries. Mauvaise coutume. Sème cette plante dans un sol de fertilité moyenne et bien ameubli, et sème-la dès le commencement de mars, à raison de cent cinquante litres de graines par hectare, soit à la volée, soit en lignes distantes de cinquante centimètres, et recouvre de deux à trois centimètres.

Sarcle et bine au besoin pendant le cours de la végétation. Puis, quand la plus grande partie des gousses seront d'un jaune brunâtre, tu arracheras les lentilles, les mettras en bottes et les laisseras mûrir à terre, les tiges en l'air.

Aussitôt rentrées, aussitôt battues. Les graines te serviront pour la nourriture des gens, les fanes pour la nourriture des bêtes.

# XIII

TROISIÈME DIVISION. — TUBERCULES ET RACINES.

*Pommes de terre.* — Je ne me charge pas de te donner les noms des diverses races de pommes de terre, car je n'en finirais point. Il y en a par centaines, de toutes formes et de toutes couleurs. Choisis, dans le nombre, celles qui te donnent le plus de profit. Dans le voisinage d'une grande ville, tu trouveras peut-être de l'avantage à cultiver des pommes de terre de table, telles que marjolin, vitelotte, corne de chèvre, cornichon de Hollande, Long'Islande, milord, coquette, tournaisienne, bleue, etc. Dans le voisinage des féculeries et dans les pays d'élevage, tu gagneras peut-être plus à cultiver les grosses races, telles que pommes de terre Chardon, pommes de terre de Rohan, infernale, patraque rouge, etc. Note bien, en passant, que, parmi ces races communes, il y en a de bonnes pour la table.

La pomme de terre ne se plaît bien que dans les terres légères : schiste, granit, calcaire et sable. Elle n'y devient pas toujours grosse, mais elle s'y maintient de bonne qualité. Les argiles, les terres marécageuses, ou trop fraîches, né lui conviennent point.

La pomme de terre ne réussit guère sous les climats chauds, comme en Afrique et dans le midi de la France; elle réussit bien sous les climats tempérés, et s'avance assez loin vers le Nord.

Plante la pomme de terre après une céréale ou sur un gazon rompu, et sans engrais, si tu tiens à la qualité. Prépare le sol par plusieurs labours, afin de l'ameublir dans la perfection. Si tu tiens plus à la quantité qu'à la qualité, couvre le terrain de fumier long avant de mettre les tubercules sous raie.

Tu prendras de vingt à vingt-cinq hectolitres de ces tubercules pour un hectare, et tu les prendras entiers, de grosseur moyenne, à yeux écartés, sans germe ou à peine germés. Tu les planteras le plus tôt possible à la sortie de l'hiver, en mars ou au plus tard en avril, et, au fur et à mesure que la charrue avancera, une personne enfoncera chaque tubercule dans la tranche retournée, tandis qu'une seconde personne, suivant la première, tirera le fumier long dans le sillon au moyen d'un rateau ou d'une fourche. Tu ne planteras que de deux raies l'une, et de façon que les plants se trouvent à environ quarante centimètres l'un de l'autre.

Dans les terres naturellement sèches, où l'eau ne séjourne pas, il n'y a point d'inconvénient à planter les pommes de terre en automne ; au contraire. Tu les enterreras, dans ce cas, à dix-huit ou vingt centimètres ; plus bas, elles auraient de la peine à lever et rendraient peu ; moins bas, elles pourraient geler en hiver. Aussitôt plantées, tu les herseras, afin de combler les vides et de diviser les mottes. D'aucuns conseillent d'étendre du fumier long ou de la paille sur la plantation : ne suis pas ce conseil : ce serait peine inutile et temps perdu. Au printemps, les pommes de terre d'automne lèveront huit ou quinze jours plus tard que les autres, mais les fanes en seront plus vigoureuses et le produit deviendra plus considérable.

Avant la levée des plants, tu bineras le champ ; après levée, dès que les touffes marqueront partout, tu herseras dans les deux sens avec la herse à dents de bois, sans aucune crainte de déchirer les jeunes tiges. Dans le courant de juin, tu bineras profondément, soit avec la houe à main, soit avec la houe à cheval ; puis, presque en même temps, tu butteras dans les terrains trop secs, soit avec la houe, soit avec une charrue à deux versoirs ou buttoir. Dans les terrains un peu frais ou sous les climats humides, le buttage me paraît plus nuisible qu'utile, parce qu'il entretient une humidité constante au pied de la plante.

Vers la fin de septembre ou dans la première quinzaine d'octobre, par un temps sec, un ciel clair et après l'évaporation de la rosée, tu procéderas à l'arrachage des pommes de terre au moyen de la houe, de la fourche de fer à trois dents ou de la charrue.

Autrefois, l'hectare rendait de quatre à cinq cents hectolitres du poids de soixante-quinze kilos environ ; mais depuis la maladie on doit s'estimer heureux quand on en récolte de deux cents à deux cent cinquante.

Tu laisseras les tubercules sur le terrain pendant deux ou trois heures, afin qu'ils aient le temps de se bien ressuyer ; puis tu les mettras en fosse ou en cave, sur de la paille, après avoir choisi ceux qui serviront de plants pour la culture suivante. Tu feras de ces derniers un tas à part, dans la cave, et ne les perdras pas de vue. Tu t'arrangeras de façon à ce qu'elles reçoivent de l'air en dessous, sur les côtés et au milieu, ou bien, si tu ne prends pas tes précautions pour cela, dès le mois de janvier, tu les remueras et les changeras de place tous les quinze jours, pour les empêcher de germer. Souviens-toi de ceci : Plus les germes des plants sont longs au moment de planter, et plus on en détruit et plus on compromet la récolte. Ce sont les principaux germes qui donnent les plus beaux tubercules. Avec la plantation d'automne, on ne craint pas de les voir pousser avant l'heure et de les rompre.

La pomme de terre, tu le sais, sert à la nourriture des gens et des bêtes. L'industrie, de son côté, en retire de la fécule, du sucre et de l'eau-de-vie.

*Topinambour.* — Le topinambour n'est pas une plante de la petite culture ; il ne convient qu'aux domaines étendus, où les terres médiocres ne manquent pas. Dans ce cas particulier, on peut sans inconvénient, le plus souvent même avec avantage, en consacrer une partie à la culture de cette plante.

Le topinambour passe l'hiver en terre ; on n'en récolte les tubercules qu'au printemps, alors que la nourriture devient rare à la ferme. On les donne aux vaches, aux moutons et aux porcs. Les industriels en retirent une eau-de-vie que l'on dit franche de goût. Les tiges desséchées servent de combustible.

Malgré tous les soins que l'on peut apporter à l'arrachage, le topinambour repousse chaque année, à la place qu'il occupait d'abord, et se reproduit ainsi sans le secours de personne ; mais le rendement devient très faible. Il vaut mieux le replanter et le fumer.

On cultive le topinambour comme la pomme de terre.

*Betterave.* — Tu sauras qu'il existe plusieurs variétés de betteraves. Les unes conviennent au potager, les autres à la grande culture. Parmi ces dernières, je te signale la betterave champêtre ou disette, à peau rose et à chair blanche et rose, la betterave rose à chair blanche, la betterave de Silésie, blanche à l'extérieur et à l'intérieur, et cultivée pour le bétail en même temps que pour les sucreries; enfin les betteraves avec globes rouge et jaune, mais les jaunes surtout, qui sont moins difficiles que les précédentes sur la qualité du sol.

La betterave demande un sol meuble, riche, profond et assez frais. Elle s'accommode de la plupart des climats et de toutes les températures; mais les climats tempérés lui sont surtout favorables.

Tu placeras cette plante en tête d'assolement avec beaucoup de fumier d'étable. Elle aime aussi les engrais liquides.

Tu prépareras la terre par un déchaumage au mois d'août, et un labour profond avant l'hiver. Tu laboureras de nouveau au printemps, puis tu herseras.

Quand les gelées ne seront plus à craindre, du 15 avril au 15 mai, tu prendras de la graine de deux ans; tu la frotteras entre les mains pour la diviser, puis tu la mettras, deux ou trois jours durant, dans l'eau de fumier, afin de la ramollir et de hâter la germination. Une fois la graine préparée, tu la sèmeras, soit en pépinière, soit à demeure. Si tu sèmes en pépinière, tu sarcleras les plants et les éclairciras de bonne heure. Vers le milieu de juin, tu les enlèveras et les repiqueras au champ, après avoir coupé les feuilles à dix centimètres du collet. Tu repiqueras au plantoir par un temps pluvieux ou couvert, et tu auras soin de presser vigoureusement la terre avec les mains contre le plant. D'aucuns ont la bonne habitude de tremper les racines des jeunes plants dans une bouillie de bouse de vache avant de les mettre en terre.

La méthode du repiquage est excellente, sans contredit ; cependant, elle ne produit pas les mêmes résultats partout. Toutes les fois que l'on a affaire à un sol consistant et bien tassé, la transplantation donne de plus belles racines que les semis sur place ; mais quand on a affaire à une terre légère et mal tassée, le semis sur place est préférable au repiquage.

Pour semer à demeure et à la volée, on emploie de dix à douze kilos de graines par hectare. En lignes, la moitié suffit. Le dernier procédé est d'ailleurs le plus convenable. Tu ouvriras des sillons de trois à cinq centimètres de profondeur, à l'aide du rayonneur, et distants l'un de l'autre de cinquante à quatre-vingts centimètres. Tu déposeras une douzaine de graines à la main par mètre de longueur, et tu pourras ainsi en semer de six à sept mille dans la journée.

Si tu n'as pas de rayonneur, tu te serviras de la charrue, et deux personnes suivront.

L'une fera les trous avec un bâton sur la bande de terre retournée, l'autre y mettra les graines ; puis tu rouleras vigoureusement, jusqu'à ce que le terrain ne cède plus sous le pied. Mieux le sol est consolidé, plus la réussite de la betterave est assurée.

Dans le nord de la France, on s'y prend encore d'une autre manière pour semer les betteraves. Le cultivateur tend un long cordeau et ouvre des rigoles avec la houe. Une femme le suit et dépose les graines ; une seconde femme recouvre et tasse avec les pieds.

Tu sarcleras et bineras fréquemment, mais toujours par un temps sec. Tu ne toucheras pas aux feuilles de la plante pendant le cours de la végétation, car si l'on gagne un centime en feuille, on en perd deux en racines.

Tu arracheras tes betteraves du 15 septembre à la fin de novembre, selon les climats, par un temps froid, ni trop sec, ni trop humide, et tu auras soin de ne pas contusionner les racines.

D'après M. de Dombasle, tous les frais de culture, pour cette plante, s'élèvent à fr. 324 20 par hectare de terre médiocre qui rapporte, en moyenne, 20,000 kilos. Le prix de revient du mille est donc, d'après lui, de fr. 16 21. A présent, la main d'œuvre est plus chère et, à raison de 20,000 kilos seulement, le prix de revient dépasserait les

16 fr. 21 et il y aurait perte au prix où on les vend.

Tu sauras donc qu'avec une bonne terre et une bonne fumure, on élève facilement la récolte à 30 et 40,000 kil. Les cultivateurs de la Flandre française en obtiennent parfois de 50 à 100,000. M. de Gasparin, enfin, a atteint le chiffre fabuleux de 275,000 kil.; mais c'est là un chiffre de jardinier, établi au potager, sur une culture de quelques mètres carrés.

Tu remarqueras, en passant, que les cultures forcées sont plus sujettes aux maladies et aux ravages des insectes que les cultures ordinaires. Tu remarqueras, en outre, que les betteraves ainsi forcées sont moins riches en sucre que les autres.

La betterave sert à la nourriture du bétail dans la ferme, et l'on assure que cent kilos de cette racine peuvent remplacer quarante-cinq kilos de bon foin. Les industriels en extraient du sucre, de l'alcool, et parfois aussi du sirop, très répandu en Belgique sous le nom de *poiré*. Tu sauras, en terminant, que les vaches qui mangent beaucoup de betteraves perdent leur lait et engraissent vite. Quelques cultivateurs tirent parti des feuilles de la plante en les salant et en les pressant comme on fait pour la choucroute. Dans cet état, elles se conservent très bien pendant l'hiver.

*Carottes*. — Les variétés recommandées
pour la grande culture sont : la longue rouge
des Fl..ndres, la rouge à collet vert, la blanche à collet vert, la blanche de Breteuil, la
blanche des Vosges, la jaune d'Achicourt et
la jaune de Saalfed.

La carotte aime un terrain profond, riche
en vieux fumier d'étable, meuble et frais.
Tous les climats lui conviennent. Tu prépareras ce terrain par un déchaumage et un
labour d'automne ; au printemps tu laboureras de nouveau et herseras. Tu lui donneras
le temps de se rasseoir ; puis, en mars ou en
avril au plus tard, tu prendras de la graine
de deux ans plutôt que d'un an ; tu la frotteras entre les mains pour enlever les arêtes,
et la sèmeras à la volée, à raison de cinq kilos au plus par hectare. Tu recouvriras avec
la herse à dents de bois et rouleras. Sème en
ligne plutôt que de semer à la volée, et, à
cet effet, ouvre des rayons de quatre à six
millimètres, et à cinquante ou soixante cent.
l'un de l'autre. Tasse ces rayons avec la roue
d'une brouette, sème ensuite, et en même
temps jette de la graine de colza parmi celle
de carottes, parce que la première poussera
plus tôt, marquera les lignes et permettra de
sarcler les intervalles, dans le cas où les
mauvaises herbes envahiraient l'emblave
avant la levée.

Tu continueras les sarclages avec soin, et

tu éclairciras d'abord sur les lignes à vingt ou vingt-cinq centimètres d'intervalle, dès que tu pourras saisir les jeunes carottes, puis à trente ou trente-cinq centimètres.

Tu ne couperas point les feuilles de la plante pendant le cours de la végétation.

Tu procéderas à l'arrachage le plus tard possible et par un temps sec. Tu casseras les fanes pour les donner aux bêtes, et laisseras ressuyer les racines avant de les rentrer en cave. Tu obtiendras en moyenne vingt mille kilos, qui te tiendront lieu de six à sept mille kilos de bon foin.

Les moutons, les vaches, les cochons et les chevaux mangent les carottes avec plaisir. Cette racine donne beaucoup de lait aux vaches, mais elle lui communique sa saveur particulière.

*Panais.* — Les terrains et les climats qui conviennent à la carotte conviennent également au panais. La culture est la même pour l'une de ces plantes que pour l'autre. Tu déchaumeras donc au mois d'août ; après cela, tu donneras un labour d'automne assez profond et tu enterreras le fumier par ce labour, afin qu'il ait le temps de pourrir. Tu laboureras de nouveau à la sortie de l'hiver ; tu sèmeras en mars ou avril au plus tard, à la volée ou en lignes, mais plutôt en lignes, et avec de la graine d'un an, car celle de deux ans est d'une levée très incertaine. Le semis

AGRICULTURE.                                                        5 fait et la graine recouverte, tu rouleras vigoureusement.

Tu sarcleras, éclairciras et bineras au fur et à mesure des besoins.

Le panais donne le même produit que la carotte et vaut mieux qu'elle pour l'engraissement des animaux.

Tu couperas les fanes en automne, après la rosée; tu n'arracheras les racines qu'à la fin de l'hiver, avant qu'elles aient eu le temps de repousser.

Si on laissait partir les feuilles et les tiges, on aurait, en avril et mai, un bon fourrage vert, mais ce qu'on gagnerait de ce côté, on le perdrait et au delà par l'altération des racines.

*Navet.* — Parmi les navets, je te recommande, pour la grande culture, la rave du Limousin, le navet de Norfolk, celui du Palatinat, et le navet d'Écosse à collet rose ou vert.

Tu leur donneras une terre légère, sablonneuse, granitique et schisteuse. Tu n'oublieras pas qu'ils aiment les climats humides et un ciel brumeux.

Tu les sèmeras en seconde récolte, après l'escourgeon, le seigle ou le trèfle incarnat. Aussitôt l'escourgeon et le seigle enlevés, tu rompras les éteules par un déchaumage et tu herseras. Cette opération faite, tu arroseras de purin ou de matières fécales, et quatre

ou cinq jours après, tu sèmeras. Sur un trèfle incarnat, que l'on fauche de bonne heure,
tu donneras deux labours, à quelques semaines d'intervalle, puis une légère fumure
avant de semer. Tu commenceras les semailles vers le 15 juin et pourras les continuer
jusqu'au mois d'août. Plus tôt, les jeunes
plantes pourraient être dévorées par les altises, ou seraient sujettes à monter à fleur.
A la volée, tu emploieras de trois à quatre
litres par hectare ; tu enterreras avec la
herse à dents de bois et rouleras vigoureusement pour maintenir la fraîcheur dans le
sol. En temps de pluie, tu ne recouvriras ni
ne rouleras ; l'eau fera la besogne.

Quand les navets auront cinq ou six feuilles, tu les bineras, les éclairciras, puis les
arroseras à l'engrais liquide. Tu pourras faire
ce travail avec la herse, sans aucune crainte
de les massacrer. Retiens bien ce dicton du
pays flamand : — Celui qui herse les navets
ne doit pas regarder derrière lui. — Le fait
est qu'il serait effrayé de sa besogne.

Tu arracheras les racines par un temps
sec, vers la fin d'octobre, et commenceras
par enlever les feuilles. Tu empileras ensuite
les racines en question sur le terrain ou dans
la cour, comme on empile des boulets de
canon ; tu couvriras de paille, de gazon ou de
terre par-dessus, et n'auras pas à craindre
l'hiver.

En Angleterre, le pays par excellence des navets, le cultivateur exige de quarante à cinquante mille kilos par hectare. Ici, nous devons rabattre de ce chiffre et nous contenter à moins.

C'est par les navets que l'on commence la nourriture d'hiver des vaches, parce que cette racine ne se conserve pas aussi bien que la carotte, le panais, la betterave. C'est une nourriture médiocre. On assure qu'il ne faut pas moins de deux cent cinquante kilos pour remplacer cinquante kilos de foin. Les navets augmentent la sécrétion du lait, mais aussi ils en altèrent la saveur.

*Chou-navet* et *rutabaga*. — Le chou-navet ou navet de Laponie est d'une grande ressource pour le cultivateur ; tu le préféreras aux navets ordinaires. Le rutabaga ou navet de Suède n'est qu'une variété de chou-navet : mais on l'aime mieux que ce dernier, parce qu'il acquiert plus de volume et s'enracine moins solidement.

Tu lui donneras une terre légère ou neuve, ou bien encore un gazon rompu ; les climats tempérés et pluvieux lui sont favorables.

Tu prépareras la terre par un déchaumage au mois d'août et deux labours au printemps. Au dernier labour, tu enterreras du vieux fumier ou des boues de ville et d'étang.

Si tu veux semer les choux-navets et rutabagas à la volée et à demeure, opère en juin.

avec de la graine de deux ans. Si tu veux repiquer, ce qui vaut mieux assurément, tu
sèmeras en pépinière au mois d'avril, et
transplanteras vers la fin de juin et au commencement de juillet, en maintenant les pieds
à soixante centimètres l'un de l'autre. Tu
n'auras plus qu'à sarcler, biner, butter un
peu et pincer les tiges qui pourraient monter
à fleur.

Tu arracheras ces racines à l'entrée de l'hiver par un temps sec, et obtiendras de 40 à
50 mille kilos par hectare. Après les avoir
dépouillées de leurs feuilles, tu les conserveras en plein air et en tas, non contre un
mur, en les recouvrant de paille et de terre.

## XIV

QUATRIÈME DIVISION. — FOURRAGES ARTIFICIELS

*Trèfles.*—On en cultive quatre variétés, qui sont : 1º le trèfle des prés, appelé aussi trèfle commun, trèfle ordinaire, trèfle de Hollande et trèfle rouge ; 2º le trèfle rampant, appelé aussi trèfle blanc ou coucou ; 3º le trèfle incarnat ou farouch, trèfle du Roussillon, trèfle d'Italie ; 4º enfin, le trèfle hybride.

Pour ce qui concerne le trèfle commun, tu sauras qu'on le retrouve sous presque tous les climats de l'Europe et qu'il réussit dans la plupart des terrains, mais surtout dans les argiles convenablement divisés. Ne le sème pas sur les sols aigres ou acides, comme le sont, par exemple, les défriches trop nouvelles des forêts, à moins de chauler ou de cendrer fort.

La place de ce trèfle, dans l'assolement, est avec la céréale qui suit la jachère ou une bonne récolte sarclée. Tu le sèmeras donc au printemps avec l'orge ou le froment d'été, plutôt qu'avec de l'avoine, sujette à verser et à l'étouffer. Tu pourras le semer encore avec le lin de gros, cultivé pour ses grains, et avec

le sarrasin, en juin. Il te faudra par hectare
de 15 à 20 kil. de graines nues. Parmi les
graines de trèfle des prés, il y a du choix; la
meilleure doit être grosse, d'une couleur
jaune mêlée de violet et luisante. Il y a des
gens qui la font reluire à force de la remuer
avec une pelle de bois huilée; ouvre l'œil et
tâche de ne point te laisser prendre au piége.
Autant que possible, tu sèmeras par un temps
couvert, car la pluie te dispensera d'enterrer
la graine. Si le temps était au beau, tu recou-
vrirais avec le dos de la herse, ou, ce qui
vaut mieux, en traînant des fagots d'épines
sur le sol.

A la veille de l'hiver, tu étendras du fumier long de porc ou de vache sur la jeune
tréflière, et, au printemps, tu n'imiteras pas
les cultivateurs qui se donnent la peine de le
relever au râteau. Ainsi couvert, ton trèfle
recevra le jus de l'engrais, poussera un peu
plus tard et sera moins exposé aux gelées tardives.

En mars ou en avril, quand les feuilles du
trèfle cacheront bien la terre, par une forte
rosée ou un temps humide, tu auras intérêt
à plâtrer le fourrage, c'est-à-dire à y semer
à la volée deux cents litres de plâtre en pou-
dre par hectare. Dans le cas où il n'y aurait
point de plâtre à ta portée, tu te trouverais
bien d'imiter les Flamands de la Belgique,
qui cendrent le jeune trèfle à raison de 26 à

27 hectolitres de cendre de tourbe, ou qui, à défaut de cendre, y répandent des engrais liquides ou du compost de terre et de chaux, arrosé d'urines.

Tu ne garderas pas longtemps tes tréflières: tu ne prendras que deux coupes et enterreras la troisième pousse. Autre recommandation : tu ne ramèneras un trèfle à la même place qu'au bout de six ou sept ans. En prenant trop de coupes et ramenant la prairie artificielle trop souvent à la même place, on s'expose à l'invasion des mauvaises herbes et des parasites, comme la cuscute et l'orobanche à petites fleurs.

En juin ou au commencement de juillet, alors que le trèfle sera fleuri, tu faucheras par une belle journée et laisseras le fourrage en andains un jour ou un jour et demi. Tu déferas ensuite les andains et formeras de petits tas d'environ 50 à 60 centimètres de hauteur et de largeur. Au bout de deux ou trois jours, le trèfle sera à moitié sec. Alors tu réuniras tes petits tas en meulons de deux mètres, sans les tasser, afin que l'air et la chaleur puissent y pénétrer et y circuler. La dessiccation du fourrage s'achèvera ainsi. S'il venait à pleuvoir quand le trèfle est en petits tas, tu les desserrerais et les retournerais avec la fourche, aussitôt la pluie passée.

Il y a des cultivateurs qui suivent la méthode de Klappmeyer et font, avec le trèfle,

ce que l'on appelle du foin brun. A cet effet,
ils laissent le fourrage en andains trois
quarts de jour ou une journée au plus ; après
quoi, ils le mettent tout de suite en meulons
de trois mètres qu'ils tassent vigoureusement. Le trèfle s'échauffe, fermente, et, dès
que la main n'y résiste plus, ils étendent le
fourrage quelques heures pour le ressuyer,
et le remettent ensuite en meulons. Voilà le
foin brun.

Tu te contenteras de 5 à 6 mille kilogrammes de fourrage sec pour la première coupe
et le regain. Cependant, tu sauras qu'en
bonne terre on peut espérer 6,000 kilogrammes pour la première coupe, et de 3 à 4,000
kilogrammes pour la seconde.

Le trèfle, donné en vert aux vaches et aux
moutons, a l'inconvénient de les météoriser,
c'est-à-dire de les gonfler, et cela le matin
surtout, quand l'estomac des bêtes est vide.
Aussi, les bons bergers donnent d'abord de la
nourriture sèche aux moutons avant de les
conduire au pâturage dans les trèfles de regain.

On te dira partout que le trèfle améliore la
terre et ne l'épuise pas. C'est une façon de
parler qui n'est pas juste. S'il ne prenait
presque rien au sol, presque tout à l'atmosphère, comme on l'assure, il n'y aurait pas
d'inconvénient à le ramener souvent à la
même place. Sur ce point, voici la vérité : le

trèfle épuise le dessous pour enrichir le dessus.

Parlons maintenant du trèfle rampant. C'est une plante de pâturage plutôt qu'une plante à faucher. Ce trèfle est très accommodant quant au climat; quant aux terrains, tous ceux qui sont légers et renferment de la chaux lui conviennent parfaitement. Tu chauleras donc les sols schisteux, siliceux, granitiques, avant d'y semer ce fourrage. Tu le sèmeras dans une céréale de printemps, à raison de 7 à 8 kilogrammes de graines par hectare, ou avec des graines de foin pour obtenir un pâturage mêlé. L'année après, lorsqu'il sera en pleine végétation, tu le plâtreras ou le cendreras par un temps calme et pluvieux.

Le trèfle incarnat ou farouch, le plus beau de tous les trèfles, est une plante du Midi. Tu te méfieras d'elle dans le Nord, car elle est sensible aux hivers rudes. Ce trèfle demande une terre légère, sablonneuse et même graveleuse; il redoute les argiles compactes. Tu le sèmeras seul, en août, à raison de vingt-cinq kilogrammes de graines nues par hectare, soit après une céréale, soit après une autre récolte. Tu pourras le faucher quinze jours avant le trèfle commun: voilà son grand avantage. Ne compte pas sur deux coupes.

Le trèfle hybride enfin se cultive comme le

trèfle commun. On le sème moins dru ; il tasse beaucoup, ne donne qu'une bonne récolte et réussit dans les terrains humides.

*Sainfoin.* — Je ne connais que le sainfoin commun et sa variété à deux coupes. Il est plus robuste qu'on ne le croit et s'avance assez loin vers le Nord. Il pousse dans tous les terrains, pourvu qu'ils ne soient ni marécageux ni humides ; toutefois le calcaire lui convient principalement. Ainsi, dans le schiste, la silice et le granit, tu n'oublieras pas le chaulage.

Tu prendras de la graine de l'année et la sèmeras en mars ou avril dans une avoine très claire ou une orge, à raison de 4 à 6 hectolitres par hectare. Comme cette graine est grosse, tu l'enterreras avec la herse à dents de fer. Tu pourrais la semer encore dans un sarrasin, en juin, ou, à la même époque, la semer seule. C'est, je crois, la bonne méthode pour les contrées rudes, attendu qu'elle pousse mieux et s'enracine plus vite que dans une céréale.

Le sainfoin commun te donnera une coupe par année et un regain sans importance, que tu te garderas bien de faire pâturer, attendu que le pâturage est très nuisible à la plante.

Le sainfoin précoce, variété du précédent, te donnera deux coupes, mais il est moins obuste que le commun.

Chaque année, au printemps, tu herseras

tes champs de sainfoin, tu les plâtreras ou les cendreras.

Le sainfoin, bien soigné, se maintiendra bon sept ans. Tu ne le ramèneras à la même place qu'au bout de dix à douze ans.

Tu feras ta graine à part, et ne la prendras que sur la troisième fleur.

Un bon sainfoin te rendra, la première année, environ 1,500 kilogrammes de fourrage ; la seconde année, la récolte s'élèvera à 4 ou 5,000 kil.

Ce que je t'ai dit du fanage du trèfle s'applique également au sainfoin, à la luzerne, aux vesces et aux pois gris.

Le sainfoin est un de nos meilleurs fourrages artificiels. Il a le mérite, en outre, de ne pas gonfler les bêtes.

*Luzerne.* — Il y a deux espèces de luzerne : 1º la luzerne cultivée ou ordinaire ; 2º la luzerne lupuline. Je vais t'entretenir d'abord de la première. Elle redoute les climats humides et souffre, dans sa jeunesse, des froids rigoureux. Elle veut une terre profonde, bien ameublie, bien nettoyée et fumée avec du fumier très pourri ou du purin.

Sa meilleure place est dans l'orge ou le froment qui suivent des pommes de terre ou des betteraves. C'est là que tu la sèmeras au printemps, à raison de 20 à 25 kilogr. par hectare, et que tu l'enterreras à peine avec une herse légère, à moins que tu ne préfères la répandre dans le lin ou le sarrasin.

Au printemps suivant, toujours par un temps couvert ou pluvieux, tu plâtreras. A défaut de plâtre, tu emploieras la suie.

Ta luzernière ne sera en plein rapport que la troisième et la quatrième année, et te rendra 8,000 kilogr. en moyenne. C'est alors que tu pourras lui demander trois ou quatre coupes, et même plus sous les climats doux.

Chaque année, au printemps, tu l'arroseras avec de l'engrais liquide. Si tu n'as pas d'engrais liquide, tu la couvriras de fumier à l'automne. Tu herseras toujours avant de fumer.

D'aucuns maintiennent une luzernière pendant quinze ou seize ans. C'est un abus, attendu que le rendement baisse vers la cinquième année. Tu la rompras au bout de huit ans et ne la ramèneras à la même place qu'au bout de vingt.

La luzerne donne un fourrage abondant, mais il est de médiocre qualité. En vert, il météorise les bêtes, mais moins que le trèfle.

La luzerne lupuline, que nos cultivateurs connaissent sous le nom de *minette*, forme un excellent pâturage pour les moutons. Elle n'est difficile ni sur les terres ni sur le climat. Tu la sèmeras au printemps, avec l'orge ou l'avoine, à raison de 20 kilogr. de semence. Cette plante ne météorise pas.

*Vesces.* — Nous avons la vesce cultivée ou

commune et la vesce bisannuelle. Cette dernière n'est commune que dans le Midi. La vesce s'accommode de la plupart des climats et recherche les terres bien ameublies et siliceuses, les terres fraîches un peu argileuses et les terres nouvellement écobuées.

Tu la sèmeras avec fumier, en mars ou avril, à raison de 200 litres par hectare ou de 150 litres de vesces et 50 litres d'avoine. Pourvu que ta graine n'ait pas plus de quatre ou cinq ans, elle lèvera bien.

Si tu ne veux pas épuiser le terrain, tu faucheras la vesce en fleur, puis tu donneras les labours préparatoires pour une céréale sans engrais. Si tu n'as pas peur d'épuiser le terrain, tu attendras pour faucher que les gousses soient formées. Le fanage deviendra plus difficile, mais le fourrage sera plus riche.

Tu pourras encore semer des vesces de mars en juillet, de trois semaines en trois semaines, afin d'avoir toujours du fourrage vert pour les besoins de l'étable.

Dans le nord de la France, on donne le nom d'*hivernage* à un mélange de vesces, de seigle et de froment semé en septembre. En avril, les cultivateurs de cette contrée sèment encore un mélange de féveroles, de vesces et d'avoine.

Tu sèmeras les vesces d'hiver dans le courant de septembre, avec un quart de seigle ou d'escourgeon. Tu les récolteras quelquefois en mai, mais plus souvent dans la première quinzaine de juin, quand, bien entendu, les rudes hivers ne les auront pas détruites.

Ce fourrage te rendra de 4 à 5,000 kilogrammes.

*Pois gris.* — C'est ce qu'on appelle le pois à pigeon, le pois de brebis, la bisaille, la pisaille. On le fauche en fleurs, et le plus souvent en gousses. La paille revient de droit aux moutons et la graine à la volaille.

*Féveroles en vert.* — Tu pourras couper les féveroles en vert, au-dessus de la première feuille. Des rejets partiront du pied et te donneront un bon regain.

*Lupins blanc et jaune.* — Tu sauras que le lupin blanc est un fourrage très vanté, dans le midi de la France, pour tous les bestiaux, surtout pour les moutons. Il craint le froid, malheureusement. Tu sauras aussi que, dans ces derniers temps, on a beaucoup parlé du lupin jaune, plante robuste, à ce qu'on assure, et facile quant aux terrains. Je ne le connais encore que de nom et ne saurais t'en dire plus sur son compte.

*Pimprenelle.* — Cette plante, propre à former d'excellents pâturages, ne craint ni la sécheresse, ni le froid et pousse à la rigueur sur de pauvres terrains ; mais elle affectionne le calcaire. Tu la sèmeras en mars ou avril, à

raison de 30 kilos de graines par hectare; tu
n'y toucheras pas en automne, car elle conti-
nue de végéter tant que l'hiver n'est pas trop
rude; mais, dès la fin de la mauvaise saison,
tu pourras la faire pâturer par les brebis et
les agneaux.

*Chicorée*. — Encore une plante qui ne
craint guère les climats rudes. Ceux qui ont
parlé d'elle sans la connaître t'assureront
qu'elle fait merveille dans les maigres sols.
N'en crois rien : donne à la chicorée une
terre argileuse ou un peu consistante et assez
riche en vieilles fumures ; prends de la graine
de deux ou trois années, parce que ses produits montent moins vite à fleur que les produits de la graine de l'année, sème-la dans
l'orge ou l'avoine au printemps, à la volée, à
raison de 12 kilogrammes par hectare, et re-
couvre-la très légèrement. L'année suivante,
tu prendras, de bonne heure, une coupe de
feuilles, puis deux autres coupes encore avant
l'hiver. La seconde année, tu auras également
une bonne récolte ; tu pourrais même maintenir ce fourrage une troisième année, mais
il y aurait baisse dans la production. Je te
conseille de rompre l'emblave à la fin de la
seconde année, de recueillir les racines et de
les faire manger cuites aux porcs. Ils commenceront par ne point y mordre avec appétit; mais, en y ajoutant du son et du lait,
ils s'y habitueront vite.

Tu donneras les feuilles vertes de la chicorée aux porcs et aux vaches, aux premiers surtout. Les vaches s'en accommodent très bien; mais si tu leur en donnais plusieurs fois par jour et des semaines durant, elles finiraient par maigrir et par donner un lait amer et purgatif. Donc, pas trop n'en faut.

Certains cultivateurs font pâturer les champs de chicorée par les moutons. Bonne méthode. On dit la chicorée très propre à prévenir plusieurs maladies communes dans les troupeaux des contrées humides. Amère à la bouche, excellente au corps.

*Serradelle.* — Cette plante fourragère, qui nous vient du Portugal, a été préconisée beaucoup en Belgique il y a quelques années. Elle est commune et recherchée dans les Campines. Les terres siliceuses lui conviennent, la chaux lui est contraire. Nous la recommandons partout où le trèfle ne réussit pas, et notamment dans les sols sablonneux.

*Choux.* — Les choux cultivés à l'état de plantes fourragères sont le chou-cavalier et le chou branchu du Poitou. S'ils réussissent bien dans l'ouest de la France, ils ne réussissent pas partout de même, surtout quand on tient à leur faire passer l'hiver en pleine terre.

Si tu veux cultiver des choux pour la nourriture des bêtes en automne, sème-les en pépinière, en mars ou avril; mets-les en place en mai ou juin, après le repiquage; sarcle et bine, au besoin. Si, au contraire, tu veux cultiver des choux pour l'hiver, sème en pépinière vers la fin d'avril ou au commencement de mai, et repique en juillet seulement. Surtout ne les butte pas, parce qu'ils deviendraient très sensibles au froid.

Tu donneras les feuilles et les tiges coupées aux vaches et aux porcs.

*Navette.* — Je ne connais pas de fourrage plus précoce et plus utile en son temps que la navette d'été, semée au mois d'août, dans une terre bien propre et bien fumée. Au lieu de navette, on peut semer de même le navet.

Au printemps, dès que la plante se mettra en fleur, tu l'arracheras pour la donner aux vaches, ou tu la feras pâturer par les moutons.

*Spergule* ou *spargoule.* — Il y en a de deux sortes, la petite et la grande. Tu choisiras la petite, car elle est la meilleure. Le principal mérite de la grande, c'est que l'on peut au besoin la faucher, la faner et en retirer 3,000 kil. à l'hectare.

La spergule ne redoute pas les climats froids, mais elle ne s'accommode pas de toutes les terres. Les sols argilo-sablonneux, le schiste, par exemple, semblent lui convenir. Tu la sèmeras de mars en juillet, afin d'en avoir toujours sous la main, à raison de

12 kilog. par hectare, et tu l'enterreras légèrement.

Soit que tu la coupes, soit que tu la fasses pâturer, tu ne manqueras pas de réserver la spargoute aux vaches laitières. Elle produit un beurre de qualité supérieure.

*Ray-grass.* — On emploie le ray-grass des Anglais ou ivraie vivace pour créer un fourrage artificiel précoce. Tu le sèmeras dans une céréale de printemps, à raison de 40 kilogrammes par hectare, et tu le faucheras de bonne heure ; autrement, son foin deviendrait coriace.

*Fléole des prés.* — La fléole, seule ou en compagnie du trèfle rampant, constitue une des prairies les plus belles et les plus avantageuses que nous connaissions. Tu la sèmeras à raison de 20 à 25 kilog. par hectare. dans une céréale de printemps. Elle se plaît dans les terrains frais ou dans les sols légers des climats humides.

*Millet.* — Nous avons le millet ordinaire ou panic d'Italie et le millet de Hongrie ou moha. Ce sont de délicieux fourrages, mais des fourrages des pays doux. Dans toutes les localités où le maïs donne de belles tiges, tu pourras semer le millet en mai à raison de 30 à 48 kilogr. par hectare, et autant que possible en terre légère et chaude. Au bout de deux mois, tu auras une coupe à faire.

# XV

CINQUIÈME DIVISION. — PRAIRIES NATURELLES.

Le fourrage est l'âme de la ferme ; les bêtes en vivent, le fumier vient de là, et le fumier est tout. Donc, fais de l'herbe, fais des prairies ; pour cela, les terres légères et d'alluvion, que l'on peut irriguer à volonté, sont celles qui conviennent le mieux. Les climats humides conviennent également. Dans ces conditions, l'herbe pousse vite et le sol s'engazonne parfois en une année. Les argiles compactes ne valent rien pour les prairies, mais dès qu'elles ont été assainies par le drainage et divisées par les labours, elles peuvent donner une herbe abondante. Le calcaire, à l'exception du sol crayeux et blanc qui est froid et tardif, produit un foin de haute qualité, un foin très aromatique, mais il exige beaucoup d'eau.

Les prairies naturelles ont, sur les prairies artificielles, le triple avantage de coûter moins, de produire un fourrage plus succulent et de ne pas épuiser les couches profondes du sol.

Il y aurait tout un volume à écrire sur ce

sujet ; je ne te donnerai ici que les recommandations les plus importantes.

Pour établir une prairie naturelle ou permanente, tu commenceras par fumer très copieusement le terrain et le nettoyer par une culture sarclée et binée ; puis, à la place de cette culture, tu sèmeras une avoine bien claire, ou un froment d'été, ou une orge, peu importe la céréale, pourvu qu'elle ne soit pas trop sujette à la verse. Aussitôt la céréale enterrée, tu sèmeras par-dessus un mélange de graines de pré, en commençant par les plus lourdes et finissant par les plus légères. Sans cette précaution, les premières tomberaient au fond du sac et le semis serait inégal. Tu recouvriras avec le dos de la herse ; après quoi, tu rouleras énergiquement.

Au lieu de semer la graine de pré dans une céréale, en mars ou avril, tu pourras la semer seule en septembre, et même au printemps sous les climats humides, ou bien encore au mois de juin ou de juillet dans un sarrasin.

D'aucuns se servent de graines ramassées à la pelle sur le fenil. Ça ne coûte guère, j'en conviens, mais ça ne vaut guère non plus. Ne fais point comme ces gens-là. Si tu as le temps et la patience de récolter la semence toi-même, de faire un choix dans les bons prés, récolte-la. Si tu ne veux pas prendre cette peine, achète ta semence chez les marchands

des grandes villes, et dépense ainsi de quarante-cinq à cinquante francs pour ensemencer un hectare.

La première année, tu laisseras aller les
choses à la volonté de Dieu ; tu donneras aux
plantes le temps de s'enraciner et de taller.
J'en sais qui sont pressés de jouir et qui font
brouter l'herbe à l'automne par les moutons.
Ils ont raison, selon Mathieu de Dombasle, et
tort selon d'autres.

Dès que la terre sera engazonnée, tu feras
les rigoles pour arroser au besoin. L'eau est
aussi nécessaire à l'herbe qu'aux racines ;
c'est pour ainsi dire la charrette à fumier.

L'eau pure n'est pas un engrais, sache-le
bien ; aussi, ceux qui ne fument point et arrosent toujours avec de l'eau claire, n'ont pas
le sens commun. Tu fumeras d'abord, afin
que l'eau puisse passer sur le fumier, se
charger de ses sels et les répartir parmi les
racines.

Si tu ne veux pas répandre ton engrais sur
le gazon avant d'arroser, tu pourras le jeter
dans un bassin, tout près de la prise d'eau,
et le remuer avec des bâtons au fur et à mesure que l'eau traversera ce bassin pour se
rendre dans les rigoles et s'éparpiller sur le
pré.

Plus le fumier sera pourri, plus l'effet sera
rapide.

A défaut de fumier, tu prépareras des composts avec de la terre, de vieux gazons, des cendres, de la suie, et, à mesure que tu élèveras les couches, tu arroseras avec de l'eau de chaux et du purin. Au bout de quelques mois, ton compost vaudra son pesant d'or. Tu le répandras au printemps sur le pré, et, une fois répandu, tu irrigueras ou bien tu le jetteras dans le bassin et le remueras pendant le passage de l'eau, afin de la rendre trouble et de la charger ainsi de nourriture pour les plantes.

Après la première coupe, dans le courant de juin ou au plus tard en juillet, tu arroseras de nouveau à l'eau trouble par un temps couvert ou pluvieux, afin d'obtenir un beau regain. Après cela, tu arroseras de temps en temps à l'eau claire en temps de sécheresse et pendant la nuit. De cette manière, tu récolteras de l'herbe à profusion.

Une fois l'herbe fauchée, tu la faneras avec soin. A cet effet, dès qu'il n'y aura plus de rosée, tu retourneras les andains de la veille sans les étendre. Aussitôt que le dessus sera un peu sec, tu les étendras sans trop les éparpiller, de façon que la chaleur n'agisse pas très vivement sur toute l'épaisseur de l'herbe. Le soir, quand la fraîcheur commencera à se faire sentir, tu mettras le foin en tout petits tas.

Le lendemain, si le temps est toujours au beau, et après la rosée, tu étendras un peu les tas, et, à plusieurs reprises dans la journée, tu retourneras le foin. Dès qu'il sera suffisamment sec, tu en formeras de gros tas et le rentreras à la ferme.

Tant que l'herbe coupée est verte, elle n'a que peu de chose à craindre de l'eau ; mais dès qu'elle se dessèche et passe à l'état de foin, les pluies et la rosée lui font beaucoup de mal. Voilà pourquoi la mise en tas est d'absolue nécessité chaque soir, et voilà pourquoi aussi l'on ne doit jamais défaire les tas en question pendant la rosée.

Un foin convenablement desséché se reconnaît à sa couleur verdâtre et à la souplesse du brin. Un foin mal desséché devient brun en temps de pluie, ou bien il blanchit, sonne sous la fourche, et se rompt quand l'opération a lieu par un soleil très chaud.

Il y a deux manières de conserver le foin dans la ferme : les uns le mettent sur le fenil, au-dessus des étables et des écuries ; les autres en forment des meules. Ce second procédé vaut mieux que le premier. Mais, soit que tu le conserves au fenil ou en meules, tu auras soin de le fouler très énergiquement. Plus tu le fouleras, moins il s'échauffera et mieux il conservera son arôme.

Les prairies naturelles durent longtemps, souvent même un demi-siècle ou un siècle et plus. On ferait mieux de les rompre tous les douze ou quinze ans, de les mettre en culture pendant deux ou trois années et de les renouveler ensuite. Dans les vieilles prairies, l'herbe manque de force, la mousse envahit le gazon, les mauvaises plantes se montrent, et le rendement baisse d'autant plus que les vieilles prairies sont plus négligées. Or, la plupart le sont.

Pour allonger la durée d'un pré et grossir son produit, tu devras le herser chaque année au printemps avec une petite herse à dents de fer très serrées, l'arroser avec de l'engrais liquide, ou bien y répandre de l'engrais pourri et irriguer durant deux ou trois jours. Aussitôt le sol bien ressuyé, tu rouleras.

Après la première coupe, tu arroseras de nouveau à l'engrais liquide ou à l'eau trouble, afin de nourrir et de développer le regain. L'hectare en bon état, regain compris, te rendra de 6,000 à 7,000 kil.

Chaque année aussi, tu auras soin d'étendre les taupinières à l'époque où l'herbe commence à pousser. Un peu plus tard, quand les herbes seront faciles à distinguer, tu feras bien de pratiquer le sarclage, de couper entre deux terres les racines des mauvaises plantes afin de fatiguer celles qui sont vivaces et de les détruire à la longue. On te dira qu'il faut avoir du temps à perdre pour se livrer à une opération de cette sorte; tu laisseras dire et agiras comme si tu n'entendais pas.

Cependant il ne faut pas s'imaginer que tout ce qui n'est pas graminée est mauvaise herbe. Il est nécessaire qu'il se trouve parmi les plantes fades qui constituent la base de nos prairies, des plantes aromatiques ou condimentaires en suffisante quantité qui rendent aux animaux les mêmes services que rendent à l'homme le persil, le cerfeuil, le thym, la sauge, etc.

# XVI

*Plantes oléagineuses. — Navette.* — Il y a deux sortes de navette, celle d'hiver et celle d'été. Cette plante est plus avantageuse que le colza dans les terres médiocres, et sa croissance est plus rapide. Elle demande les sols légers, les prairies rompues, les friches écobuées, les éteules de céréales, mais à la condition, toutefois, que les céréales en question auront été d'un bon rapport. La navette est robuste, par conséquent peu difficile sur les climats. On sème celle d'hiver au mois d'août, et même en septembre, à raison de quatre à cinq kilos par hectare. Dans le cas où les rigueurs de la température la détruisent, on la remplace par la variété de printemps, bonne à récolter ordinairement deux mois et demi après les semailles.

Quand on sème la navette sur une prairie rompue ou sur une terre écobuée, il n'est pas nécessaire de fumer, mais partout ailleurs elle exige beaucoup d'engrais. Le meilleur est celui de mouton, ou bien un mélange de terre, de cendres de bois, de plâtre et de

décombres, arrosé d'eaux de fumier, de lessive et de savon.

Dès que les siliques seront jaunes, tu feras
la récolte. La navette d'hiver te rendra de
vingt à trente hectolitres de graines ; celle
de printemps, de quinze à vingt seulement.
La graine te donnera un dixième d'huile de
moins que celle de colza, mais cette huile
sera de meilleure qualité et pourra être uti-
lisée pour l'assaisonnement des salades communes.

*Colza.* — Le colza affectionne les climats
humides et brumeux ; il affectionne de même
les terres riches, profondes, bien fumées et
ameublies par deux ou trois labours. Quoi
qu'il en soit, tu sauras qu'il s'accommode
aussi parfaitement de certaines terres de
mauvais renom, comme les schistes de l'Ardenne belge, et qu'il y réussit à merveille.
Garde-toi seulement de le semer en terrain
humide ou dans un calcaire sans fond. Il te
donnera aussi de beaux résultats sur les prairies naturelles ou artificielles rompues, ou
bien encore après le lin, les pommes de
terre, les vesces d'hiver, la jachère, le froment, l'avoine ou l'orge d'hiver.

Il y a deux manières de procéder aux semailles : tantôt on le sème en pépinière, en
juin et juillet, pour le repiquer en septembre
ou octobre ; tantôt on le sème à la volée et à
demeure, du 15 juillet au 15 août.

Le meilleur plant pour le repiquage doit
avoir environ seize centimètres de hauteur.
Tu le transplanteras au moyen du plantoir
ou de la charrue, en lignes distantes de
trente-deux centimètres, et en laissant treize
centimètres d'intervalle sur les lignes entre
les plants. Aussitôt la transplantation faite,
tu fouleras énergiquement la terre avec le
pied; c'est une mesure essentielle. Tu sarcleras, tu bineras au besoin; puis, trois semaines après, tu rechausseras. Il est inutile
de te dire que les temps humides conviennent mieux au repiquage que les temps
secs.

Assez souvent, les cultivateurs ne sèment
ni pour repiquer, ni à la volée; ils ouvrent
de suite des rigoles et répandent la graine
dans ces rigoles, afin de l'économiser et de
rendre les sarclages plus faciles. Ceux qui
sèment ainsi n'ont besoin que de quatre à
cinq kilos de graine par hectare; ceux, au
contraire, qui sèment à la volée, ne dépensent pas moins de sept kilos et demi.

En ce qui concerne les engrais, les meilleurs de tous pour le colza sont le fumier de
mouton, les loques de laine et les boues d'é-
tang.

Tu récolteras ton colza vers la fin de juin
ou dans la première quinzaine de juillet,
alors que les deux tiers des siliques seront
jaunes. Tu feras cette récolte par la rosée, au

moyen de la faucille, ou bien encore de la serpe, dans le cas où les tiges seraient très grosses. Tu laisseras ton colza en javelles pendant trois ou quatre jours; tu le mettras en meules, que tu recouvriras de paille, et tu pourras les enlever au bout d'un mois ou six semaines. Souvent même tu attendras moins longtemps, et tu pourras procéder au battage sur place ou dans une grange.

Aux environs de Lille, le colza rend jusqu'à cinquante hectolitres par hectare quarante et un ares; à Douai, on se contente de trente-cinq à quarante hectolitres pour la même mesure; en Belgique, selon les terrains, la récolte varie entre vingt et trente hectolitres par hectare.

Il existe une variété de colza que l'on sème au printemps, ordinairement en avril, sur un ou deux labours. Non-seulement elle redoute les ravages de l'altise, mais elle rend moins que le colza d'hiver.

Cent de graine en poids rendent trente-neuf d'huile, quand il s'agit de colza d'hiver, et trente-trois seulement quand il s'agit de colza d'été.

Les racines de colza, parfaitement desséchées, servent de combustible aux pauvres gens pour le chauffage du four. Les pailles de cette plante, qui sont d'une décomposition difficile, sont utilisées, dans certaines contrées, pour asseoir les meules de céréales et

préserver les lits inférieurs de l'humidité.
Assez souvent aussi, on les jette dans la fosse
à l'eau de fumier, et au bout d'un certain
temps, on les utilise, à titre d'engrais, sur les
prairies naturelles ou sur les terres qui ont
fourni la récolte de colza. Les siliques ou débris de siliques sont recueillis après le van-
nage et servent à la nourriture du bétail,
mais, pour cela, il faut avoir soin de les ramollir avec de l'eau bouillante.

*Pavot ou œillette*. — Nous connaissons le
*pavot noir* qui s'ouvre à la maturité et le
*pavot aveugle* qui ne s'ouvre pas. Malgré ses
inconvénients, on préfère le premier au second. Cette plante demande une terre riche
et bien divisée. Elle n'est pas sensible aux
rigueurs du climat et traverse très bien les
hivers rudes. Tu lui donneras du fumier bien
pourri; tu la sèmeras en automne, en hiver,
à ton gré, mais dépasse le moins possible le
mois de février. Tu prendras de deux à trois
kilos de graines par hectare, tu sèmeras à la
volée, tu recouvriras très légèrement avec
le dos de la herse, puis tu rouleras énergiquement. Tu sauras que le pavot réussit
mieux après une prairie artificielle qu'après
des céréales.

Quand la plante aura quatre ou cinq feuilles, tu la sarcleras et l'éclairciras déjà;
quand elle commencera à monter, tu la sarcleras de nouveau et l'éclairciras définitive-

ment, de façon à ménager entre les pieds des intervalles de seize à vingt-deux centimètres.

Quand les têtes ou capsules du pavot seront d'un gris jaunâtre, tu les arracheras sans secousses et les mettras en bottes, en ayant soin de ne pas les incliner, autrement, il y aurait pertes de graines. Tu pourras encore, si tu le préfères, couper les têtes sur place, les jeter sur des draps ou dans des sacs et achever la dessiccation au grenier. Quant au battage, tu te serviras du fléau, ou tu frapperas les têtes contre un billot.

Le pavot te rendra de 15 à 20 hectolitres de graine à l'hectare, graine recherchée pour la fabrication d'une huile à manger.

Tu feras litière avec les pailles, ou tu les brûleras pour en avoir les cendres. Ces cendres sont riches en potasse.

*Caméline.* — Cette plante à huile n'est difficile ni sur le climat ni sur le terrain. Elle est avantageuse pour remplacer une culture d'hiver compromise ou perdue, car elle se développe et mûrit ses graines en trois ou quatre mois ; aussi peut-on la semer jusqu'à la fin de juin et y adjoindre du trèfle. La caméline ne redoute ni les pucerons ni les altises.

Tu prépareras d'abord le terrain par deux labours et deux hersages ; puis, au bout de quelques jours de repos, tu prendras de 4 à 5 kilogrammes de graine par hectare, tu la mêleras à du sable fin et la sèmeras à la volée; tu herseras très légèrement avec le revers d'une herse en bois et tu rouleras ensuite.

Tu récolteras la caméline au mois d'août, lorsque les fruits jauniront, soit en l'arrachant, soit en la coupant avec la faux ou la faucille. Tu la rentreras sur des chariots garnis de toile, attendu que les graines se détachent facilement et tu t'estimeras heureux d'un rendement de quinze à seize hectolitres par hectare. Mathieu de Dombasle assure que la caméline semée en mélange avec la moutarde blanche, qui mûrit en même temps qu'elle, rendrait plus que semée seule.

Dix litres de graine de caméline te donneront d'un litre à un litre et demi d'huile à brûler, moins fumeuse que l'huile de colza. Tu te serviras des tiges pour chauffer le four, et des tourteaux pour fumer les terres.

L'huile et les tourteaux de caméline sont connus dans le commerce sous les noms impropres de tourteaux et d'huile de camomille.

*Madia.* — C'est une plante qui, en petit, a de la ressemblance avec le grand soleil. On l'a beaucoup vantée, puis nos cultivateurs l'ont abandonnée presque généralement, parce que ses graines mûrissent trop irrégulièrement. Tu profiteras de cette expérience et ne la cultiveras pas étourdiment.

*Navet.* — Dans un grand nombre de localités, on cultive le navet pour en retirer de l'huile de *rabioule*. A cet effet, on le sème au mois d'août, à la manière du colza ou de la navette, et il est rare que la plante ait à souffrir des rigueurs de l'hiver.

*Plantes textiles.* — *Chanvre.* — Cette plante, destinée à nous donner de la filasse, recherche les expositions chaudes, les vallées et les bas-fonds; quand elle est trop découverte et exposée aux secousses des vents, la filasse perd de sa qualité. Tu donneras au chanvre une terre forte, argileuse et fraîche, des étangs ou des marais desséchés. Ne le sème jamais dans les terrains secs, il n'y réussirait pas. Tu lui donneras beaucoup de fumier de ferme, et tu n'excluras pas celui de porc, qui est très avantageux. A défaut de fumier, tu pourras employer les composts de colombine, matière fécale, herbes pourries et cendres.

Tu te procureras de la graine luisante, nette, bien nourrie, pesante et de couleur foncée. Puis, quand les froids ne sont plus à craindre, en mai et juin, tu sèmeras à la volée de trois à six hectolitres par hectare, le moins, pour avoir de la forte filasse et beaucoup de graines, le plus pour avoir de la filasse très fine. Au moment de la levée de la plante, tu surveilleras de près les moineaux, qui en sont très avides.

Dans la deuxième quinzaine de juillet ou au commencement d'août, tu récolteras le chanvre mâle brin par brin ; en septembre seulement, tu récolteras le chanvre femelle.

Un auteur digne de foi nous assure que vingt-cinq ares cinquante centiares peuvent produire de 163 kilos à 210 kilos de chanvre et 62 kilos d'étoupes.

Dans les Flandres belges, on tient cette culture pour avantageuse ; en France, ce n'est point l'avis des cultivateurs. Il me semble que ceux qui gagnent ont raison et que ceux qui perdent ont tort.

*Lin.* — C'est surtout en Allemagne, en Hollande, en Belgique et dans le nord de la France qu'on se livre à la culture du lin. On lui donne ordinairement les meilleures terres, celles qui sont profondes et bien ameublies ; toutefois, tu remarqueras qu'il réussit très bien dans les maigres terres des Ardennes. Tu sèmeras le lin après un froment, un chanvre, un trèfle, des pommes de terre, ou sur gazon rompu. Tu donneras un bon labour avant l'hiver et un labour léger au printemps. Après quelques jours de repos, tu herseras, tu rouleras ; puis, quand les mauvaises herbes commenceront à pousser, tu herseras de nouveau, et tu herseras encore, mais légèrement, au moment de semer, c'est-à-dire en mars ou avril, quelquefois même en mai. Tu rouleras après ce troisième hersage, tu sèmeras ensuite et recouvriras très légèrement avec la herse renversée.

Si tu tiens à obtenir à la fois de la graine et de la filasse, tu procéderas aux semailles, vers la fin de mars, à raison de 210 ou 215 litres par hectare. Si tu ne peux semer qu'en mai, la réussite sera moins certaine et tu devras mettre un quart de graine en plus.

Quand tu sèmeras le lin pour sa filasse seulement, tu doubleras la quantité de graine et la répandras, autant que possible, à la fin de mars ou en avril.

Lorsque le lin aura deux ou trois centimètres, tu le sarcleras; et si plus tard les mauvaises herbes l'envahissaient encore, tu sarclerais de nouveau. Tu le récolteras avant que la plante soit tout à fait mûre et le laisseras en javelles vingt-quatre heures avant de le mettre en chaîne et en bottes, les pieds écartés. Dès que la graine sera parfaitement sèche, tu procéderas au battage.

Dans les contrées avantageuses à la culture du lin, on assure que le rendement de 47 ares 22 centiares est de 750 à 800 kilos de filasse et 4 hectolitres de graine. A Lille, on récolte 600 kilos de filasse et 12 hectolitres de graine par hectare 44 ares 27 centiares.

Le lin, semé clair, porte le nom de *lin de gros;* le lin semé dru prend le nom de *lin de fin.* Ce dernier est d'une culture plus difficile que le premier. Ses tiges serrées manquent de force et se soutiennent mal contre les coups de vent et les pluies battantes ; aussi, est-on obligé d'y établir des réseaux de baguettes et de perchettes placées sur des fourches basses. C'est le seul moyen de soutenir la récolte, de l'empêcher de verser et de pourrir.

Les engrais qui conviennent le mieux au lin sont le fumier de ferme bien pourri, ses propres tourteaux, ou bien ceux de colza ou de caméline.

*Plantes tinctoriales. — Garance.* — La garance, qui nous fournit une belle couleur rouge, n'est pas aussi difficile sur le climat qu'on pourrait le supposer, et s'avance assez loin vers le Nord. Elle aime une terre légère ou un peu compacte, à sous-sol frais, pourvu toutefois que l'eau n'y séjourne pas. Le fumier de cheval est son engrais de prédilection, et tu ne lui en donneras pas moins de 40,000 kil. à l'hectare.

Il y a deux moyens de multiplier la garance : tantôt on la sème en lignes au mois de mars, à raison de 86 kil. de graine à l'hectare; tantôt on la plante en novembre, décembre, février ou mars. Aussitôt la garance levée, on procède au premier sarclage, et l'on renouvelle jusqu'à trois fois cette opération dans le courant de la première année.

Au mois de novembre, on recharge la plantation de six à neuf centimètres de terre, afin de faciliter la formation de nouvelles racines. La seconde année, au printemps, on sarcle de nouveau ; puis, quand les tiges sont en fleur, on les coupe et l'on s'en sert à titre de fourrage. La troisième année, on coupe encore les tiges en fleur, et enfin, au mois d'août ou en septembre, on arrache les racines de la garance, soit à la bêche, soit à la charrue.

Mathieu de Dombasle, qui cultivait cette plante à Roville, divisait son terrain en planches alternatives de 3 mètres 33 centimètres et de 1 mètre 33. Les petites planches restaient vides et la terre servait à rechausser la garance des larges planches.

Tout compte fait, la garance ne donne pas 150 francs de bénéfice par hectare et par an. Ce n'est point assez pour une plante qui épuise beaucoup le sol et consomme une grande quantité d'engrais.

*Gaude.* — La gaude fournit une couleur jaune, et c'est pour cette couleur qu'on la cultive. Elle recherche les terres de consistance moyenne et de nature calcaire ; elle n'est pas difficile sur le climat et n'exige point de fumier.

Tu prendras de 6 à 8 kilog. de graine nouvelle par hectare et tu sèmeras cette graine à la volée. Si tu n'avais que de la graine de deux et de trois ans, tu augmenterais un peu la quantité et la ferais tremper dans l'eau pendant quelques jours. Tu sèmeras en juillet ou août, et tu n'enterreras la graine qu'au moyen du rouleau, ou en faisant passer un troupeau de moutons sur l'emblave. On peut également semer la gaude au printemps, en mars ou avril, mais la culture d'automne est plus productive.

Tu sarcleras en temps utile et éclairciras de manière à laisser des intervalles de 15 à 16 centimètres entre les plants.

Tu arracheras la plante au mois de septembre, quand l'épi aura donné toutes ses fleurs. En ce moment, les feuilles sont encore vertes, et quelques graines de la base sont déjà noires. Tu laisseras les javelles à l'air et les retourneras de temps en temps. Au bout de sept à huit belles journées consécutives, la gaude sera bonne à rentrer et acquerra la couleur jaune demandée. Malheureusement, quand les fortes pluies surviennent après l'arrachage et persistent, la récolte est sérieusement compromise. Cette mauvaise chance à courir, jointe à la crainte d'une baisse considérable dans les prix, n'est pas encourageante pour le cultivateur.

*Safran.* — Cette plante nous donne une couleur jaune orangée. Si elle ne s'accommode pas de tous les climats, elle s'accommode en retour, de la plupart des terrains, mais elle consomme tant de fumier, exige tant de soins pour l'entretien et la récolte, et redoute tellement les étés froids et humides, que sa culture offre un trop mince profit pour être encouragée.

*Pastel.* — Le pastel fournit à l'industrie une belle couleur bleue. C'est une plante précoce, qui ne craint ni le froid ni le chaud, et qui a le mérite de donner, outre sa couleur, un fourrage de bonne qualité. Il réussit bien dans les terres médiocres avec du fumier de ferme. Tu prendras de la graine d'un an; tu la sèmeras en novembre ou février, à raison de cent cinquante litres par hectare, et tu l'enterreras légèrement. Dès que la plante aura quatre ou cinq feuilles, tu la sarcleras et l'éclairciras à huit centimètres en tous sens. Tu renouvelleras les sarclages assez souvent.

Le pastel te fournira quatre ou cinq cueillettes de feuilles, à partir de la fin de juin jusqu'en octobre; mais ces feuilles, quand on les destine à faire de la couleur, exigent trop de manipulations. Au point de vue donc de l'industrie, le pastel donne peu de profit; tu te borneras à le cultiver comme fourrage.

*Plantes diverses. Tabac.* — Dire que le tabac réussit bien dans les parties les plus froides et les plus élevées de la Belgique, c'est dire qu'il n'est pas difficile sur le climat. Les terrains argilo-sablonneux, les bois défrichés, les pâturages rompus sont ceux qui lui conviennent le mieux. On donne à ces terrains plusieurs labours, on les fume très copieusement avec des fumiers bien consommés, des tourteaux de colza et d'œillette, et même de la matière fécale, au risque de communiquer à la plante des propriétés désagréables.

On sème en pépinière et à la volée ; puis, dès que les plantes peuvent être éclaircies, on les espace de deux à cinq centimètres et l'on sarcle avec le plus grand soin. Dès que la plante a pris un développement convenable, on se prépare au repiquage sur une terre rigoureusement hersée. On tend le cordeau et l'on procède à la transplantation au moyen du plantoir, comme dans la culture potagère en ayant soin d'espacer les pieds de tabac à cinquante centimètres en tous sens et de ne pas recourber les racines. Le repiquage a lieu ordinairement à partir de la première semaine de juin jusqu'au vingt-cinq de ce mois.

Dès que le tabac relève ses premières feuilles, on bine ; un peu plus tard, on sème des tourteaux, et puis après l'on butte, alors que les plantes comptent huit ou dix feuilles. A la suite de ce buttage, on s'occupe de pincer le tabac, c'est-à-dire de l'empêcher de donner un plus g and nombre de feuilles, afin de refouler la séve sur les autres. Ce pincement, qui consiste à retrancher la sommité des tiges et tous les bourgeons qui pous-

sent aux aisselles des feuilles, sera renouvelé
à trois reprises différentes pendant le cours
de la végétation.

La récolte du tabac se fait lorsque les
feuilles prennent une couleur jaune. Alors,
on enlève ces feuilles une à une, ou bien
l'on arrache la tige pour la dépouiller ensuite,
Comme nous n'avons pas à encourager ici la
culture du tabac, nous nous dispensons de
donner les détails de la dessiccation.

*Houblon.* — Cette plante réussit dans la
plus grande partie de l'Europe et occupe une
large place dans les contrées où la bière est
la boisson habituelle des populations. Pour
obtenir du houblon en quantité et de bonne
qualité, tu choisiras une terre peu argileuse,
riche, bien ameublie, calcaire, très profondément défoncée. Tu feras en sorte aussi que les
champs destinés à former des houblonnières
soient autant que possible abrités contre les
vents dominants de l'ouest et du nord, qui
rompent les jeunes pousses du printemps.

Tu enterreras le fumier en automne, soit
avec une charrue, soit avec la bêche ; au
mois d'avril suivant, tu prendras ou achèteras des jeunes plants racineux coupés dans
une houblonnière bien vigoureuse, de trois
ans par exemple. Tu tiendras pour plant de
bonne qualité celui qui aura trois nœuds et
dont l'écorce, jaune en dehors, sera blanche
en dedans. Tu te méfieras des plants jaunes

ou verdâtres mouchetés de noir, attendu qu'on les dit sujets au chancre ; tu te méfieras aussi de ceux qui sont tachetés à l'intérieur ou d'un jaune-brun.

Il y a diverses manières de planter le houblon. Les Flamands ont la leur ; les cultivateurs du nord de la France ont la leur aussi. Je te dirai seulement la méthode suivie par ces derniers. Ils plantent au cordeau, du 15 au 30 avril, en quinconce et de façon à ménager des intervalles de deux mètres entre les touffes. Ils ouvrent des trous de seize à vingt centimètres de profondeur sur vingt-sept de diamètre, mettent les plants en ligne droite de chaque trou, au nombre de trois ou quatre, les enterrent jusqu'à leur extrémité pour ainsi dire et tassent fortement. Quelques jours après, les cultivateurs en question arrosent les touffes par un temps sec et chaud, soit avec un mélange d'eau de fumier et d'urine de vache, soit tout simplement avec de l'eau dans laquelle ils ont délayé des tourteaux de colza. L'arrosement achevé, ils répandent un peu de terre sèche sur les parties mouillées.

Aussitôt que le houblon pousse, on donne à chaque touffe un tuteur de 2 mètres 60 à 3 mètres de hauteur, auquel on attache les jets avec du jonc ou de la paille mouillée. Dans le courant de juin, on butte à 10 ou 12 centimètres 25 de hauteur. La première année, si la

plante donne du fruit, on procède à la récolte sans toucher aux perches ni aux tiges.
Ce n'est qu'au mois de novembre qu'on sup-
prime les tiges près de terre et qu'on enlève
les perches ou tuteurs. Après cela, on recouvre chaque touffe d'un gazon.

Pendant cette première année, on cultive
dans la jeune houblonnière toutes sortes de
légumes, tels que pommes de terre, haricots,
navets, betteraves, etc.

L'année suivante, vers le milieu d'avril, on
enlève les mottes qui recouvrent le plant et
l'on taille au niveau du sol les jets venus
sous ces mottes; après quoi l'on recouvre
avec de la terre légère. On taille de même la
troisième année, la quatrième et les suivan-
tes, ras de terre quand les pieds sont bien
enracinés, et à deux ou trois centimètres au-
dessus de terre quand la plante paraît chétive
et mal enracinée.

Après la taille, tu fumeras, soit avec du
fumier d'étable, soit avec de la cendre, soit
avec un demi-kilogramme de tourteaux de
lin ou de colza pour chaque touffe.

La seconde année, tu remplaceras les petits tuteurs de l'année d'avant par des perches de huit à neuf mètres de hauteur, que
tu planteras aussitôt que les jets de houblon
seront de dix à douze centimètres hors de
terre, et tu les planteras du côté des vents
dominants. Tu fixeras à chacune des perches

quatre tiges principales, de même hauteur et n'ayant point de pousses sur les côtés. Tu supprimeras les autres tiges, moins deux ou trois qui pourraient te servir en cas d'accident, et tu ne feras disparaître ces tiges de réserve que lorsque les tiges principales auront atteint un mètre environ. A ce moment, tu donneras à chaque touffe deux ou trois pelletées de fumier que tu recouvriras avec des buttes de trente-deux centimètres, formant l'entonnoir par le haut. Au commencement de juillet, tu bineras les intervalles et verseras, dans l'entonnoir des buttes, de l'engrais liquide sur lequel tu jetteras une demi-pelletée de terre sèche. Le houblon, ainsi traité, se ranimera et fournira plus de cônes et aussi plus de petits rameaux que tu auras soin d'élaguer à deux mètres du sol.

Quand le bout des cônes commencera à brunir, tu feras la récolte, et aussitôt la récolte faite, tu travailleras à la dessécher. C'est ordinairement du 15 août au 15 septembre que l'on cueille les cônes de houblon.

*Cardère.* — La cardère à foulon, appelée aussi *chardon à foulon*, *herbe à bonnetier*, est cultivée dans les pays de fabrique, à cause de ses têtes à paillettes crochues qui servent à peigner et à polir les étoffes de laine. Elle s'accommode du climat de certaines parties de la Belgique, tout aussi bien que du climat de la France.

Tu donneras à la cardère une terre profonde, bien labourée et un peu fraîche. Tu fumeras médiocrement. Au printemps, tu prendras de la graine aussi nouvelle que possible et la sèmeras à la volée. Dans le courant de l'été, tu sarcleras, bineras et éclairciras convenablement. Pour faciliter ces opérations, tu pourras semer en lignes au lieu de semer à la volée.

Quoique bisannuelle et ne devant donner ses têtes, par conséquent, que la seconde année, il arrive souvent que la cardère les donne dès la première année; mais comme elles sont tout aussi bonnes que celles qui viennent à leur heure, rien n'empêche de les récolter et de les vendre. On récolte la cardère au mois d'août lorsque les fleurs sont tombées et que les feuilles blanchissent. Tu sauras que cette récolte est fort irrégulière, qu'il faut parcourir le champ tous les jours ou tous les deux jours et faire la cueillette en détail, au fur et à mesure que la maturité le permet.

*Chicorée à racines.* — On cultive une sous-variété de la chicorée commune pour racines, qui, torréfiées et râpées, servent à remplacer le café ou à le frelater. C'est une plante robuste, facile quant au climat et facile aussi quant au sol; toutefois, les climats humides ou brumeux et les terres légères, riches et

profondes, sont les plus favorables à la chicorée. Au printemps, tu prendras de la graine
de deux ou trois ans, tu la sèmeras à la volée ou en lignes et tu continueras les cultures comme s'il s'agissait d'un plant de carottes ou de panais. Vers la fin de septembre,
les racines de la chicorée auront atteint leur
développement complet, et tu les arracheras
au moyen de la bêche ou de la fourche à dents
de fer.

*Moutarde*. — On cultive la moutarde blanche et la moutarde noire, à cause de leurs
graines qui servent principalement à faire de
l'huile et à préparer un condiment connu de
tous. Tu choisiras une terre riche et bien divisée, et tu y sèmeras la moutarde blanche
au commencement d'avril. Pour le semis à la
volée tu prendras sept kilogrammes de
graines par hectare; pour le semis en lignes,
tu ne prendras que cinq kilogrammes. Dans
l'un et l'autre cas, tu cultiveras la moutarde
blanche comme on cultive la navette ou le
colza semé à demeure et tu la récolteras
quand la couleur des siliques indiquera leur
maturité, c'est-à-dire lorsqu'elles commencent
à jaunir. Tu les laisseras mûrir dans la grange
ou sur le terrain, puis tu les égrèneras à
coups de baguette.

La moutarde noire, qui est plus productive
que la blanche, exige une terre plus riche,
mais elle se cultive exactement de la même

manière. Elle rend de quatorze à quinze hectolitres par hectare et sert principalement à la préparation de la moutarde, quoique inférieure en qualité sous ce rapport à la moutarde blanche.

*Sorgho.* — Dans ces derniers temps, on a beaucoup vanté le sorgho sucré et préconisé sa culture, à raison des produits alcooliques que l'on peut en retirer. Que l'on cultive cette plante sous des climats doux et dans des sols riches, elle y réussira bien certainement, comme y réussit le maïs; mais que l'on ne sorte point le sorgho de la région des vignes, autrement l'on s'exposerait à de gros mécomptes. C'est une plante très sensible au froid, et à laquelle j'ai dû, pour mon compte, renoncer après un premier essai.

# XVII

## LE POTAGER DE LA FERME

Tu auras un potager attenant à la ferme, car le potager est la ressource du ménage. A superficie égale, il te rapportera quatre à cinq fois plus que ton meilleur champ.

Le cultivateur vit du potager plus que de la boucherie, et cependant il le dédaigne ou le néglige. Tu ne le dédaigneras ni ne le négligeras. La bêche n'est point au-dessous de la charrue.

Tu feras la grosse besogne du potager, les labours d'hiver et de printemps, le transport des engrais à la voiture ou à la brouette; tu laisseras aux femmes la petite besogne, c'est-à-dire le soin de niveler les planches avec le râteau, de semer, de sarcler, d'éclaircir, de biner et d'arroser en temps et lieu.

Tu engraisseras le potager aussi bien, si ce n'est mieux, qu'une terre à chanvre; tu lui donneras le meilleur de tes fumiers, l'eau noire qui en sort et qui se perd si souvent, les eaux de lessive et de savon, la colombine de tes volailles. Qui prête au jardin sans lésiner est toujours sûr du remboursement et des intérêts.

Je ne te dirai rien des légumes à cultiver ; ceci n'est point ton affaire. Le choix des espèces et des variétés regarde la ménagère et lui appartient (1). Tu te borneras à prendre souci des arbres nains qui occuperont les plates-bandes. Tu apprendras donc à les planter et à les tailler.

Moyennant quelques francs, tu te procureras de jeunes plants dans une pépinière du voisinage ; mais, trois ou quatre mois avant de t'approvisionner, tu devras ouvrir des trous et donner à chacun d'eux deux mètres de côté sur un mètre de profondeur. En les ouvrant, tu mettras d'une part la terre végétale et de l'autre la terre vierge.

Dans le courant d'octobre, tu iras à la pépinière et feras ton choix. Plus tu choisiras les arbres jeunes, mieux ils vaudront. Tu regarderas de près à la peau et à ces petits bourgeons qu'on nomme les yeux. La peau claire indique la santé, la peau sombre, marquée de loin en loin de taches brunes ou jaunâtres, est un signe de maladie. Les yeux plats et peu apparents se développent mal ou quelquefois même ne se développent pas du tout ; il n'y a de ressource qu'avec les yeux bien marqués ou arrondis.

(1) Elles ont été indiquées dans les *Conseils à la jeune Fermière*, petit livre de M. P. Joigneaux, édité par Victor Masson et fils, libraires. Paris, place de l'Ecole-de-Médecine, 17. — 1 fr. 25 c.

Ton choix fait, tu feras déplanter les arbres, de manière à ce que les racines ne soient pas déchirées. Aussitôt de retour à la ferme, tu t'occuperas de la transplantation. Tu commenceras par jeter la terre végétale au fond des trous. Si cette bonne terre ne suffit pas, tu en ajouteras de l'autre, afin d'en élever le niveau de telle sorte que les arbres transplantés ne soient pas trop enfouis. Cela fait, tu procéderas à la toilette des plants, opération qui consiste à enlever avec la serpette les racines ou parties de racines déchirées ou éclatées. Ensuite, tu placeras l'arbre dans le trou et de façon que les racines les plus faibles regardent le midi. Ainsi placé, tu auras besoin d'un aide pour achever la plantation.

Une personne soutiendra l'arbre de la main gauche et éparpillera sur les racines la terre de bonne qualité que tu laisseras tomber légèrement dans la fosse avec la pelle ou la bêche. Avant que les racines soient entièrement recouvertes, tu chercheras entre elles un vide où placer le tuteur, et tu marqueras ce vide avec une baguette. Aussitôt les racines recouvertes, tu achèveras de combler la fosse avec la terre vierge, mise à part sur l'un des bords au moment de l'ouverture. Cette terre s'améliorera peu à peu sous l'influence des agents atmosphériques et finira par devenir très fertile. La fosse étant combléc, tu te garderas bien d'imprimer à l'arbre de brusques secousses, comme il est d'usage de le faire presque partout, car ces secousses dérangent les racines. Tu te borneras à presser convenablement la terre avec le pied; puis, à la place de la baguette indicative dont je te parlais tout à l'heure, tu planteras un tuteur auquel tu fixeras la tige, mais sans la serrer. Voici pourquoi : la terre fraîchement remuée s'affaisse, se tasse, et, au fur et à mesure qu'elle s'affaisse ainsi, l'arbre descend. Il importe donc que la ligature ne l'empêche point de descendre pendant les cinq ou six semaines de la plantation; autrement, il se trouverait quelque peu suspendu au tuteur.

Tu ne ligatureras solidement que lorsque la terre sera tout à fait tassée.

Ce mode de plantation exige beaucoup de temps, mais, crois-le bien, c'est du temps utilement employé; l'avenir d'un arbre en dépend : arbre bien planté, arbre réussi presque toujours.

C'est beaucoup de savoir planter, mais ce n'est point encore assez; il faut de plus savoir tailler. Malheureusement, il y a plus de mauvais ébrancheurs que de bons tailleurs d'arbres.

Je n'essayerai pas de t'enseigner cet art avec la plume; je n'y réussirais point. C'est avec la serpette et sur le terrain seulement qu'il est possible de démontrer la taille avec succès.

Quoi qu'il en soit, il existe un petit livre que tu feras bien de consulter, ne fût-ce que pour connaître les meilleures variétés à cultiver dans chaque espèce (1).

(1) *Conférences sur le jardinage et la culture des arbres fruitiers*, par P. Joigneaux. — Librairie agricole de la *Maison rustique*, 26, rue Jacob, à Paris. — 1 fr. 25 c.

# XVIII

## LES INDUSTRIES RURALES

L'agriculture peut s'accorder et aller de pair avec certaines industries. Il serait à désirer que beaucoup de cultivateurs fussent industriels; la ferme ne ferait qu'y gagner. Ainsi, par exemple, les brasseries, les distilleries, les sucreries sont dans bien des cas les meilleurs auxiliaires de la ferme, en ce sens que les résidus permettent de pratiquer l'engraissement du bétail à l'étable et augmentent par suite la production du fumier. Or, où l'engrais abonde, la terre s'enrichit, et le cultivateur s'enrichit en même temps. Tu y songeras donc, et dans le cas où le pays t'offrirait des débouchés pour la bière, le sucre, ou les alcools de grains et de betteraves, tu n'hésiteras pas à associer l'une ou l'autre de ces industries aux avantages de l'exploitation du sol.

En général, nos cultivateurs feraient bien de se créer, en dehors de leur occupations ordinaires et pour les temps de chômage, diverses petites ressources qui ne sont point à dédaigner et qui n'exigent pas d'avances onéreuses. Qu'est-ce qui les empêche d'établir des féculeries modestes, des fourneaux, modestes aussi, pour la préparation de ces sirops qui portent en Belgique le nom de poiré et ont une certaine importance dans l'alimentation des classes pauvres? Qu'est-ce qui empêche le cultivateur de fabriquer, à temps perdu, des objets de boissellerie? Qu'est-ce qui l'empêche d'ouvrir, à côté des moulins à céréales, des moulins à huile et tant d'autres petits établissements, qui, à cette heure, ne nous viennent point à la pensée.

Tu ne perdras pas de vue ces divers auxiliaires de l'agriculture.

## XIX

## DE LA COMPTABILITÉ AGRICOLE.

Les plus habiles en agriculture, comme en industrie, auront de la peine à réussir s'ils n'appuient leurs opérations d'une comptabilité régulière. Pour bien faire, tu devrais, jour par jour, inscrire tes dépenses et tes recettes, afin de pouvoir te rendre exactement compte de l'état de tes affaires. Mais comme il y a gros à parier que, faute d'un bon livre, élémentaire de comptabilité, tu négligeras ce travail si important, je vais te donner un conseil facile à suivre. Chaque année, en hiver, alors que la besogne ne presse point aux champs et que les veillées ne finissent pas, tu feras l'inventaire de la ferme, tu chercheras à te rendre exactement compte de ton avoir et de tes dettes. Ceci ne vaut pas, à beaucoup près, une rigoureuse tenue de livres en partie double; mais encore vaut-il mieux procéder ainsi que de marcher en aveugle et à l'aventure, comme font les dix-neuf vingtièmes de nos cultivateurs au moins.

L'inventaire te dira si tu gagnes ou si tu perds.

S'il y a gain, tu te réjouiras, l'espoir dou-
blera tes forces; s'il y a perte, tu ouvriras
les yeux à temps, tu chercheras à découvrir
les causes de cette perte, et, les ayant découvertes, tu t'efforceras de les supprimer.

L'inventaire qui constate le bénéfice est un
encouragement; l'inventaire qui constate les
pertes est un conseiller qui commande la
prudence et des modifications aux vieilles
méthodes. A ce double point de vue, il est
de première nécessité. Qui inventorie s'é-
claire. C'est un dernier conseil que je te donne, tiens-le pour excellent.

Maintenant, mon ami, bon courage et bonne chance. Travaille, raisonne, aborde les
voies nouvelles et que Dieu bénisse tes entre-
prises.

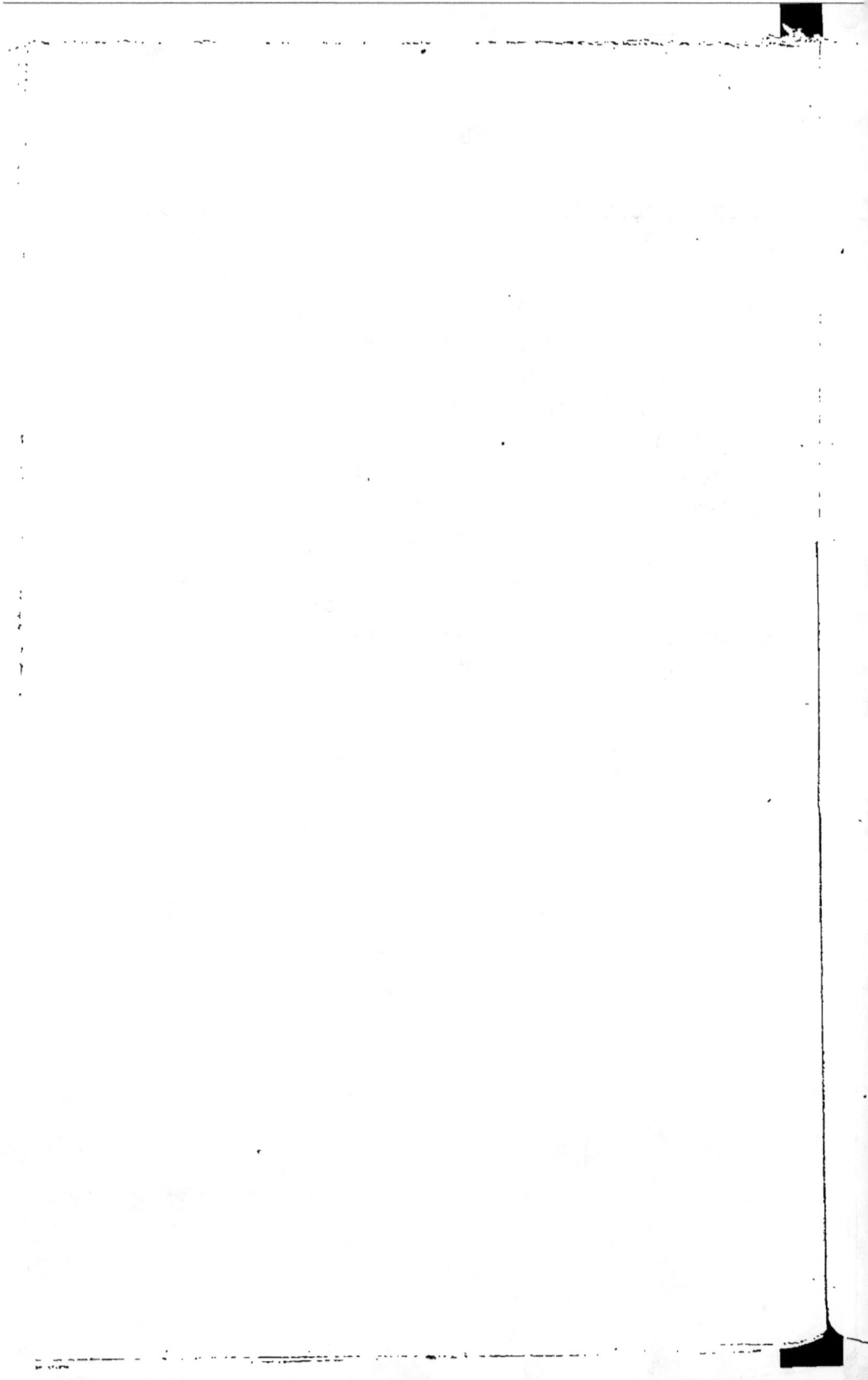

# TABLE DES MATIÈRES

Paris. — Imp. de Dubuisson et Cᵉ, rue Coq-Héron, 5.

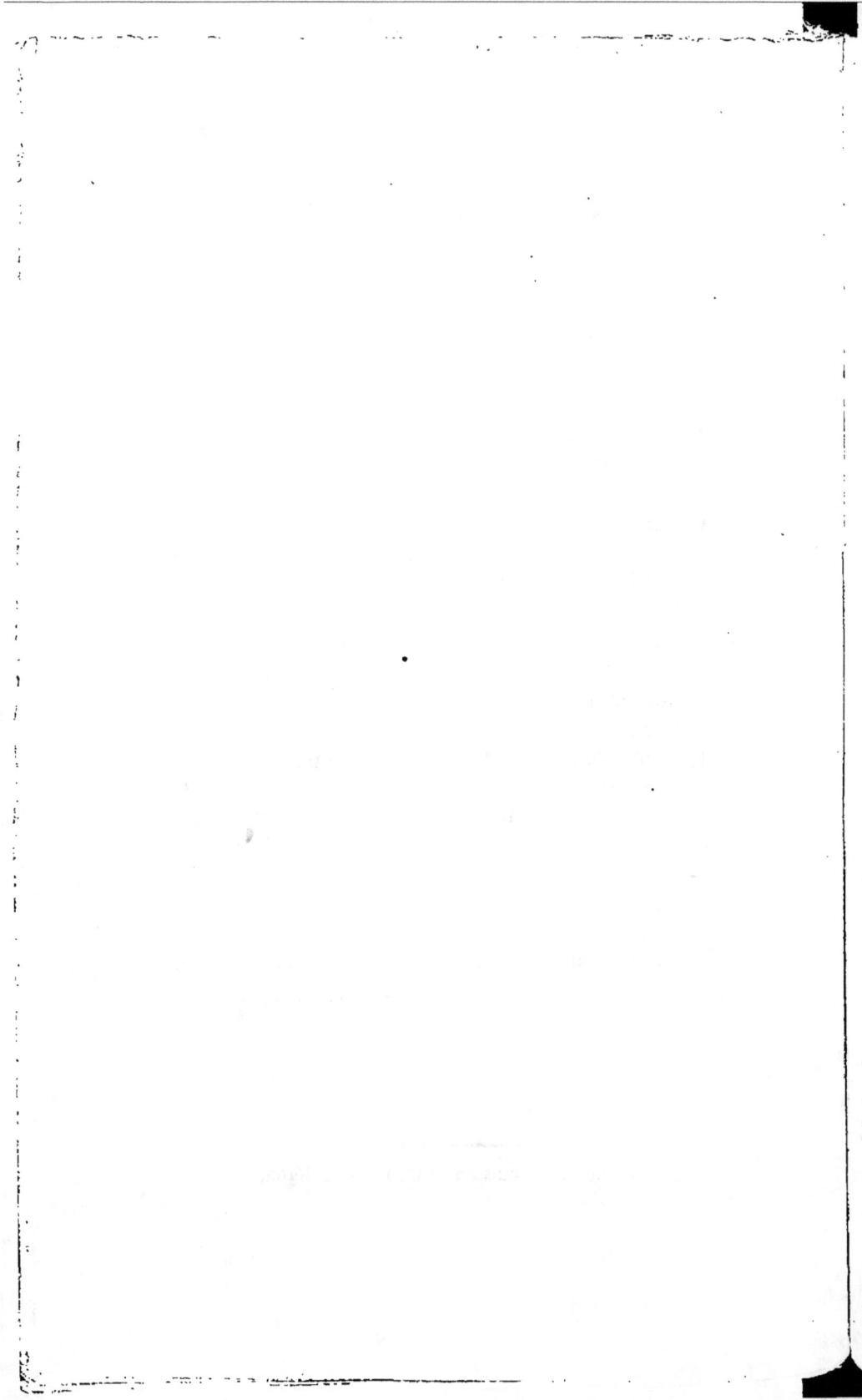

L'ÉCOLE MUTUELLE, cours complet d'Éducation populaire, par une société de Professeurs et de Publicistes, formera vingt-quatre volumes divisés en quatre séries de six volumes.

On reçoit franco dans toute la France une série de six volumes pour DEUX francs — le cours complet pour HUIT francs. — Adresser mandats ou timbres-poste au directeur, rue Coq-Héron, 5, à Paris.

---

## EN VENTE

GRAMMAIRE, d'après les meilleurs maîtres.
ARITHMÉTIQUE, par Collin. — Tenue de livres.
HISTOIRE NATURELLE, par A. Ysabeau, avec 50 gravures sur bois.
AGRICULTURE, par P. Joigneaux.

---

## SOUS PRESSE

Dessin linéaire et Géométrie.
Géographie générale.
Géographie de la France.
Cosmographie et Géologie.
Musique.
Botanique.
Physique.
Chimie.
Hygiène et Médecine.
Histoire ancienne.
Histoire du moyen âge.
Histoire moderne.
Histoire de France.
Droit usuel et Législation.
Philosophie et Morale.
Mythologie — Histoire des religions.
Histoire littéraire.
Inventions et Découvertes.
Dictionnaire de la langue française usuelle (2 vol.)

---

25 centimes le volume.— 35 centimes rendu franco.

# LES OUVRAGES PUBLIÉS

### DANS LA

# BIBLIOTHÈQUE NATIONALE

## ET L'ÉCOLE MUTUELLE

### SE TROUVENT

| | | |
|---|---|---|
| A Paris | chez MM. | Dubuisson et Cᵉ, rue Coq-Héron, 5. |
| — | — | Marron, 4-7, galerie de l'Odéon. |
| — | — | Dutertre, pass. Bourg-l'Abbé. |
| — | — | Brasseur, galerie de l'Odéon. |
| — | — | Martinon, 14, rue de Grenelle-St-Honoré. |
| — | — | Sausset, galerie de l'Odéon. |
| — | — | Taride, 2, rue de Marengo. |
| — | — | Guérin, passage Jouffroy. |
| — | — | Marteau, 52, passage Jouffroy. |
| — | — | Mᵐᵉ Guillaume, 8 et 9, galerie de l'Odéon. |
| — | — | Guillemin, passage Véro-Dodat. |
| — | — | A. Avenel, 16, pass. du Désir. |
| — | — | A la librairie du *Petit Journal*, 112, rue de Richelieu. |
| — | — | Et chez les principaux libraires. |
| A Marseille, | — | Camoin, 1, rue de la Canebière. |
| — | — | Laveirarié, 14, rue de Noailles. |
| — | — | Bellue, 1, rue Thiars. |
| — | — | Esparron, 5, rue Jeune-Anacharsis. |
| A Lyon, | — | Dallery, rue de la Barre. |
| A Strasbourg, | — | Derivaux, libraire. |
| A Bordeaux, | — | Feret fils, Fossés-de-l'Intend. |
| A Orléans, | — | Fougereau, libraire. |
| A Nancy, | — | Grosjean, place Stanislas. 7. |
| A Quimper, | — | Lafage, libraire. |
| Au Havre, | — | Lemaistre et Godfroy, libraires |
| A Valenciennes, | — | Lemaire, libraire. |
| A Caen, | — | Alliot et Cᵉ. libraires. |
| A Agen, | — | Allègre, libraire. |

| | | |
|---|---|---|
| A Villeneuve-sur-Lot, | Chabrié frères, libraires. |
| A La Rochelle, — | Chartier, libraire. |
| A Vimoutiers, — | Desveaux, libraire. |
| A Limoges, — | Ducourtieux, libraire. |
| A Arles, — | Paulin Février, libraire. |
| A Pamiers, — | Galy, libraire. |
| A Bourbonne-l.-Bains, | Guillemin, libraire. |
| A Belfort, — | Morlot, libraire. |
| — — | Levy, libraire. |
| A Metz, — | J. L. Linden, libraire. |
| A Castres, — | Montpellier, libraire. |
| A Grenoble, — | Maisonville et Fils et Jourdan. |
| A Carcassonne, — | Maillac, libraire. |
| A Bar-le-Duc, — | Maillard, libraire. |
| A Nérac, — | Omer-Sabla, libraire. |
| A Alger, — | Peyront, libraire. |
| A Verdun-sur-Meuse, | Pierson. libraire. |
| A Jonzac, — | Prevost, libraire. |
| A Toulon, — | Rumèbe, libraire. |
| A Amiens, — | Prevost-Allo, libraire. |
| A Châteauroux, — | Salviac, libraire. |
| A Donnemarie-en-Mont. | Simonet, libraire. |
| A Saint-Mihiel, — | Madame Tesselin-Laguerre. |
| A Dinan, — | Thomas-Chesnais, libraire. |
| A Albi. — | Tranier, libraire. |
| A La Fère, — | Victor Tronqoy. |
| A Tournon-sur-Rhône, | Vialette, libraire. |
| A Nantes, — | Vier, libraire. |
| A La Réole, — | Vigouroux. libraire. |
| A Angoulême, — | Ardant, libraire. |
| — — | Baillarger, libraire. |
| A Napoléon-Vendée, | Biraud-Guilbert, libraire. |
| A Nîmes, — | Borely, libraire. |
| A Soissons, — | Cervaux. libraire. |
| A Lunel, — | Cambarnous, libraire. |
| A Montluçon, — | Conchon, libraire. |
| A Figéac, — | Delbos. libraire. |
| A Tours, — | Delot, libraire. |
| A Lons-le-Saulnier, | Escalle, libraire. |
| A Aurillac, — | Ferary, libraire. |
| A Bruxelles, — | C. Muquardt, libraire |
| A Naples, — | au bureau de l'*Indipendente*, administrateur, M. A. Goujon. |

Paris. — Imprimerie de Dubuisson et Cᵉ, rue Coq-Héron, 5.